世の中、ウソばっかり！

理性はわがままな遺伝子に勝てない!?

竹内久美子

PHP文庫

○本表紙図柄＝ロゼッタ・ストーン（大英博物館蔵）
○本表紙デザイン＋紋章＝上田晃郷

プロローグ

カッコいい男、
イケメンがモテる――。
そんなの当たり前じゃない。

女がカッコいい男を見て、「素敵……♡」と思うからモテるだけ。
理由なんてない。本能あるのみ。理屈なんて、どうだっていい。
――そんなふうに思ってはいませんか？

美人についても同様です。
男は美しい女性の前ではひれ伏します。

実際、大学時代に私はこんな強烈な経験をしました。

学園祭で学生劇団の芝居を鑑賞したときのこと。
私と美人の友人、そして見知らぬ男子学生が
この順に横一列に並んで座っていました。
彼は初め美人の存在に気づかぬようでしたが、横目で彼女の姿を捉えるや、
崩していた足を整え、背筋をしゃんと伸ばし、正座してしまったのです。

なんでこんなにも
態度が豹変したのでしょう？

そんなの当たり前、美人が隣にいたから。

美人だと男の態度が豹変し、
美人という存在の前にひれ伏す。つまり、美人に価値を見出すわけですが、
それはなぜなのか、真剣に考えたこと、ありますか？

親子の関係に目を向けてみても、散々言われてはいるものの、どうしてそんなことになるのかと問われると、わからない問題が見つかります。

幼い頃、
「大人になったらパパと結婚する」
と言って父親を嬉し泣きさせていた娘も、年頃になると態度が一転。
「パパと同じ空気を吸うのも嫌だ！」

なぜ娘は大人になると、父親に対する態度や心理に変化が起きるのでしょう。

また近年、「毒親」なる言葉が認知されるようになりましたが、毒親自体ははるか昔から存在します。

毒親とは、親としての権威を振りかざし、
子を過剰に支配する親のことです。

事あるごとに、

「いったい誰に養（やしな）ってもらっていると思っているのだ」

「子なら親に従って当然だ」

「嫌なら、今すぐこの家を出ていけ」

などと発言。

ここまで子を苦しめておきながら、
育ててくれたことに対する恩返しを要求します。

自分では到底できもしない、過剰な
能力を子に要求することもあります。

実は、私の親、特に母親は**紛れもない毒親**でした。
この件については本文で詳しく説明します。
毒母を持つ娘は**摂食障害やうつを発症**しやすいのですが、
私も**両方とも発症した**経験があります（今はほぼ完治していますが）。

この、毒親。**子の精神を蝕む**ことさえあるというのに、
昔も今も驚くほど**多く存在**します。となれば、**毒親が毒を吐く**ことに、
何か重大な意味が隠されていると考えざるを得ません。

親と子の関係とは違い、
祖父母と孫の関係は概ね良好です。

「**孫は目に入れても痛くない**」のだから。

でも、母方の祖母と父方の祖母とでは、孫に対する力の入れようにかなりの差があることを知っていますか？

それは、なぜなのでしょう。

この本では**様々な人間関係**を軸に、

◆ **赤ちゃんはなぜ可愛いのか（可愛くなかったらどうなるか）**
◆ **なぜウソをついてはいけないのか**
◆ **子育てにおいて、どの子も平等に育てることは本当に正しいのか**
◆ **第一印象をよくする、実に簡単な方法とは**
◆ **逆に、第一印象を決定的に悪くする要因とは**
◆ **体育会系サークルはなぜ上下関係が厳しいのか（文化系サークルはそうでもないのに）**

◆オタサーの姫（オタク系サークルに存在する紅一点）の意味
◆バンドマンがモテるのはなぜか
◆あえぎ声のやたら大きい女がいるのはなぜか
◆女はなぜ、血管が浮き出ている男の腕に男らしさを感じるのか
◆火事場の馬鹿力は本当に出るのか
◆血液型によって注意すべき病気は違うのか

など、

「そんなの当然じゃない」

「そんなこと、真剣に考えたことなかった」

「何となくはわかっているつもりだったけれど、よくよく考えるとわからない」

といった問題を、深く掘り下げ、科学的根拠に基づいて解明、解説します。

科学的と言っても、難しい理屈は

ほとんど登場しません。
人間についての問題、
疑問を読者の皆さんといっしょに、
より深く理解することを目指します。

そうすることで、

「何だ、単にそういうことだったのか。これまで悩んでいて損した」

「なるほど……実はそういうからくりになっていたとは」

「じゃあ、これからはこう振る舞ってみることにしよう」

など、あなたの今後の行動がより客観的で、
選択肢もよりバラエティーに富んだものになること、間違いなしです。


まずは最初の部屋の扉の前へ、どうぞ。

世の中、ウソばっかり！

目次

第1の部屋　恋愛

第2の部屋　家族

第3の部屋　印象

第4の部屋　体

第1の部屋

恋愛

動物行動学的にも、人は見た目が9割

一目惚れは間違っていない　異性の見分け方

皆さん、一目惚れをするなんて浅はかだ。人間は相手の内面をじっくり見てから判断すべきだ、なんて思っていませんか？

こういうふうに、外見より中身の方が大事だという主張には多くの人が賛同のエールを送り、何となくそれが正論であるかのように聞こえてしまいます。

しかしよく考えてください。**多くの人が賛同するというのは、それが必ずしも正しいからではありません。そうであってほしい人が多いというだけなのです。**

ほとんどの人が、一目で相手を惚れさせる魅力を持ってはいません。だから一目惚れがよいことだとすると、自分たちが困るのです。要は、異性を一目惚れさせることができる連中の足を引っ張りたいのです。

免疫力は外見に現れる

では、外に現れるものとは具体的にどういうものか。ちなみにここでは男性に話を絞ります。動物たるもの、圧倒的にメスがオスを選ぶ立場にあるのだから。人間も同様で、女が男を選んでいます。

まずはルックスですね。顔やスタイルのよさ。しかしルックスがいいとはどういうことか。そもそもルックスがいい男に女が惹（ひ）かれることには、誰も異論を唱えないでしょう。しかしルックスのよさに惹かれることを軽薄だとする風潮も、例によってルックスのよくない多数派の男たちによるプロパガンダだということに気づく必要があります。

ルックスのよさとは、動物行動学や進化論の分野では、ずばり免疫力の高さ、つまり病原体と戦う能力の高さを意味します。クジャクのようにオスが美しい羽を持つ鳥も、腸管寄生虫などに冒されていると美しさを発揮できません。

ツバメのオスは尾羽の両端がひときわ太く、長く伸びていて、これがメスの相手選びの基準になっているのですが、ダニなどにやられて育つとあまり伸びないことがわかっています。つまり尾羽の長いオスは、免疫力が高いのでそこまで尾羽を伸ばすことができた。

人間でも、外に現れる様々な魅力と、その男の免疫力との相関があることがわかっています。声のよさ、顔のよさ、力によるケンカの強さなど。

においのよさ、というか、臭くないことも免疫力が高いことの証です。実は我々の体から出てくる汗や脂は、それ自体にはほとんどにおいがありません。皮膚にすんでいるバクテリアによって分解され、初めてにおいを発します。

つまり、皮膚にすんでいるバクテリアの増殖を抑えこむ免疫力が高い男ほど、汗をかいたり、皮脂を分泌しても、分解されにくく、臭くないというわけです。

モテる男は免疫力が高い

　このように外見のよさや、少し接近してみないとわかりませんが、においのように、一瞬でわかることは主にその男の免疫力の高さを示すものとなっています。**つまり一目惚れとは、免疫力の高さを見抜き、惚れるということ。**一目惚れしやすい人とは、相手の免疫力を重要視する人だと言うことができるでしょう。

　ここでなぜそんなに免疫力が大事なのか、人間にはもっと他に大切なこともあるだろうに、と思われる方もあるでしょう。

　しかしよく考えてみてください。そんなことを言えるのはここ数十年の話。日本では戦後間もない頃、結核が蔓延(まんえん)していて、伝染病ほど怖いものはなかった。今でも熱帯地域ではエボラ出血熱、ジカ熱など、人々は伝染病と戦い続けています。そして今回の新型コロナウイルス騒動によって、「最後は免疫力だ」と多くの人々が思い知ったことでしょう。**人間に限らず、あらゆる動物、植物の最大の課題は、病原体といかに戦うかであると言ってもいいのです。**

これでいかに免疫力が大切か、いや、大切どころか生物が生きていくうえでの根本の問題であるかがわかります。

そんなわけで異性に一目惚れするのは、動物として当たり前のことと言えます。とはいえ一目惚れしにくい人もいる。それはどういう人なのでしょう。

免疫力よりも、人柄、性格、財力が大事?

浮気男と相性のいい、尻軽女

文系男と理系男

もう30年近くも前になるのですが、私は実質的デビュー作となる『浮気人類進化論』（文春文庫、電子書籍もあり）の中で男を2つに分類しました。

文系男と理系男。と言ってもこれらは便宜的（べんぎてき）な言い方であり、文系学部在籍とか卒業であっても理系男はいるし、理系学部在籍や卒業であっても文系男はいます。

文系男とは、口がうまく、女に慣れていて、浮気活動に精を出すタイプ。

理系男とは、口下手で女に慣れてはいないし、浮気活動はまずしないタイプ。家庭を大切にし、子の世話もよくする。

後者は最近よく言われるようになった、イクメンと呼ばれるタイプに相当します。

しかも最近ではイクメンは睾丸（精巣）が小さいという研究が登場し、これ以前にも、浮気など怪しい行動をとる男は睾丸が大きいという研究があります。

つまり文系男とは睾丸が大きくて、浮気などの性行動が活発。理系男とは睾丸が小さくて、浮気などの性行動は不活発であるが、家庭を大切にし、子育てもよく手伝うと言えそうなのです。

さらに言えば文系男は、卵（卵子）の受精を巡る複数の男の精子同士の争い、つまり精子競争が激しい世界に生き、理系男はそういう競争はあまりない世界に生きているということになるでしょう。

女の〝夜の声〟に秘密あり

では女の場合はどうなのかということになりますが、イギリスのロビン・ベイカー（Ｂａｋｅｒ）らは、オルガスムスをどれほどよく起こすかで女を分類しました。

どんな男でもオルガスムス（射精）を経験します。ところが女には大きな個人差があり、セックスの際、いつも起こす女、時々起こす女、生涯にわたって一度も経験しない女と、様々です。中には常にいったふりをしている女までいます。

オルガスムスの起こり方が女によってこれほど違うという点に注目したのはさすがベイカーと思うものの、これが実際には戦略的にどういう意味を持つかについてはあまり説明されていません。

そこで私が独自に注目したのはあえぎ声。セックスの際、女によってあえぎ声の出し方がはっきりと違うということです。四方八方に轟（とどろ）きわたるような大きなあえぎ声を出す女もいれば、ほとんど吐息（といき）のようなあえぎ声しか出さない女もいる。これはどうしてなのか？

そもそも人間の交尾は夜、こっそりと行われるのが特徴です。

チンパンジーもゴリラも、ニホンザルもその他の霊長類も、すべて交尾は昼間、皆が見ている前で行われます。しかもメスはほとんど声を発しません。

ところが人間は夜、非公開のもと交尾が行われる……。なぜ、非公開かということについては別の機会に議論するとして、ともかく非公開ならセックスの間、女はなるべく声を発すべきではないのです。

声を我慢できない女

すると、四方八方に轟きわたるほどのあえぎ声を発する女がいるとはどういうことか。

結局、こういう女は「ここで今、私は交尾しています。私と交わりたい男は、もうちょっと後で来てね」ということをアピールしているのではないのか？

複数の男と次々交わり、精子競争をさせ、競争に勝利した、最も優れた精子の持ち主の子を産みたいのではないのか？

この件を思いついたのは、ある男性向け雑誌の記者の方から、女のあえぎ声についてお聞きしたいと問われたことがきっかけです。そこでようやく、あえぎ声って女によって随分大きさが違う、それはなぜかなあ、と思った次第。２０１４年の終わり頃です。この件については他の研究者がすでに述べていたので、第４の部屋（１７９ページ）で詳しく述べます。

文系男と理系男、相性のいい女は？

浮気男と尻軽女、イクメンと家庭的な女、
それぞれのカップルは理に適(かな)っている？

では、ほとんどあえぎ声を発しない女とはどういう女かというと、今交わっている男とのみ交わり、他の男には知らせないし、交わらない。つまり精子競争はさせないタイプなのでしょう。その代わり、彼女は確実に相手の子を産むので、相手も安心して子育てを手伝ってくれるはずです。

要はあえぎ声が大きい女は、男に精子競争をさせるタイプ。かつて上品な家庭では、女があえぎ声を発するのは、はしたないこととされていたそうですが、こうしてみるとまさに「はしたない」ことのようです。そして、あえぎ声が小さい女は男に精子競争をさせないタイプ。

ということで前者は文系男（浮気タイプ、子育てをあまり手伝わない）と相性がよく、後者は理系男（ほとんど浮気しない、子育てをよく手伝う）と相性がいいだろうと考えられます。

この推理が当たっているかどうかは、皆さんが世の夫婦やカップルを観察することで確かめてみてください。

父親に似た男性に惹かれるのは？

一番魅力的に見えるイトコ

自分と血縁が適度に近く、適度に遠い。どうもこれが一番よい結果を残す道のようです。

まず、ヒエンソウという牧場などに生えている草についてこんな研究があります。同種の植物は互いの生えている場所の間の距離が、概ね遺伝的な距離と捉えることができます。そこである研究者が、1つの花からいろいろな距離にある花の花粉をつけ、実のなり具合を調べてみました。

一番よく実がなったのは、花から1～10メートル離れているところの花の花粉でした。**近親交配による弊害があるため、近すぎるのがいけないのはもちろんですが、遠すぎるのもよい結果に結びつかないのです。ほどほどに近いことが重要。**

動物では、鳥のウズラを使い、こんな実験がなされました。

イギリス、ケンブリッジ大学のパトリック・ベイトソン（Ｂａｔｅｓｏｎ）は、１９８２年、「ジャパニーズ・クエイル（日本ウズラ）はイトコを好む」と題した論文を『ネイチャー』に発表しました。

まずあるオスに対し、いっしょに育った姉妹、いっしょに育っていない姉妹（彼とは別の機会に両親が産んでいる）、メスのイトコ、メスの又イトコを見せます。メスたちはそれぞれ小さなケージに入っていて、オスはそれらを巡回しながら見ていく仕掛けになっています。そしてそれぞれのケージの前に留(とど)まっている時間を測り、より長く留まっているほど、そのメスに繁殖相手としての興味があると判断します。

すると、オスが最も長く留まり、強い興味を示したのはイトコでした。近すぎず、遠すぎずの血縁関係のある相手なのです。

立場を逆転させ、メスに様々な血縁のオスの周りを巡回させても結果は同じでした。イトコに最も興味を示したのです。

ほどよく自分に似ている人を好きになる

では人間はどうでしょう?

少し前に、この問題にずばり迫る研究が登場したので紹介します。

2013年のこと、ノルウェー、オスロ大学のB・ラン(Laeng)らは、実際におつきあいをしている学生のカップル10組について、顔写真を撮り、CG(コンピューター・グラフィックス)によって加工しました。

相手の顔に自分の顔の要素を、11%、22%、33%、と3段階入れた顔をつくり、どれが一番魅力的であるかを聞くのです。

すると、自分の顔の要素が22%入った顔が最も魅力的だという評価でした。やはり**ほどほどに自分に似ている顔をよいと思うのです。**そしてこの場合、11%と33%自分の要素が入った顔というのは、むしろ嫌われる傾向がありました。

10組のカップルというのは、そもそも相手の顔に自分に似ている部分があるからこそカップルになったのかもしれません。ただでさえ似ているところへ、22％という絶妙なさじ加減で自分の要素が入ると、たまらなく魅力的に感じるということなのでしょう。

私≒父親≒恋人という理想形

人間においても顔が似ているということは本来、血縁関係の近さを物語るものです。

しかし今の時代、人々は都会などでまったくの他人に出会い、その中に自分と似た要素を持った者を見つける。その者を近すぎず、遠すぎずの血縁者として誤認（ごにん）し、惹かれるのかもしれません。

女が、父親に似た相手を好きになる……それはどういうことか。

そもそも女は父親の顔の要素をいくつか受け継いでいます。ランらの研究によれば、その自分の中にある父親の要素を相手の中に見つけ、魅力的だと感ずる。

するとそれは結果として、父親の面影のある相手を好きになるという現象として人々に捉（とら）えられるのではないでしょうか？

いい声の人と結婚しなさい

声のよさに惹かれる理由

俳優さんが俳優さんであるためには、イケメンで、スタイルがいい、そして演技力も必要ですが、もう1つ重要なのが声の魅力ではないでしょうか？　ルックスがかなり個性的な、いわゆる個性派俳優であっても、声だけは外せないような気が私はします。同じことは女優さんにも言えるでしょう。

そんなわけで声は、人間の魅力の中でもかなり重要な位置を占めているとかねがね思っていたのですが、それを裏付ける研究が現れました。

2002年のこと、アメリカ、ニューヨーク州立大学のスーザン・M・ヒューズ

（Ｈｕｇｈｅｓ）らは、この大学の学生、96人（男子50人、女子46人）に対し、左右一対である体のパーツをいくつか測定しました。

人差し指、中指、薬指、小指の長さ、肘の幅、手の幅（最も広い部分）、手首の幅、の計7か所です。測定にはエレクトリック・デジタル・カリパスなるものを使い、０・01ミリ単位まで測ることができます。

そしてそれぞれの値を基に、全体的にいかに体が左右対称（シンメトリー）であるかの指標となる数値を導き出します。このとき該当する箇所を骨折した経験があるとか、最近捻挫したという人は、本来の値が得られないので除かれています。

学生たちは一方で声の録音を行います。1から10までの数を英語で発音するだけという単純なものです。何かの文章では、朗読のうまさのような要素が加わってしまうので、こうした無味乾燥な言葉にしたのでしょう。

このときも声に影響を及ぼすような、タバコを吸う習慣がある人、風邪をひいている人、鼻を骨折したことがある人、咽頭、喉頭の手術をしたことがある人、そして英語がネイティヴではない人などは除かれています。

録音した声は15人ほどの評者（男女がほぼ半々）によって、1から5までの5段階評価を下されます。5が最も魅力的、1が最も魅力的ではない、の意です。

そうすると被験者（ひけんしゃ）になった96人は、**体が全体的にシンメトリーであればあるほど、声も魅力的であるという傾向が現れました。**

声のよさは、見た目のよさも表す

それまでも、シンメトリーな男は顔がいい、筋骨隆々（きんこつりゅうりゅう）である、元気である、体のにおいがいい（というか少なくとも臭くない）、などといろいろな要素と相関があることがわかっていたのですが、この結果はそのどれをも凌（しの）ぐほどの、シンメトリーとの強い相関が示されたのです。この実験から、**声は、人間の魅力のうちでも特に重要であるということが裏付けられたと言ってもいいと思います。**

この研究ではまた、被験者の中に女を加え、男女いっしょにしても、シンメトリーとの相関が出たことが画期的（かっきてき）です。それまで女で体のシンメトリーと相関があるとわかっていたのは、妊娠しやすさ、顔のよさくらいのごく限られた要素だったのです。**声は男のみならず、女においても魅力として重要であることがわかりました。**

なぜ声がここまで重要か。ヒューズらは、人間が夜に交尾するという特徴を持っているからではないかと言っています。

ほとんどの霊長類は昼に、それも仲間に隠さず堂々と交尾をするのです。ところが人間は夜に、それも非公開で交尾する。人工の明かりがなかった時代、相手の目に見える要素はわかりにくかったが、声だけはよくわかった。よって声が体のシンメトリーを最もよく反映する要素となったのだろうというわけです。

シンメトリーの魅力

ところで、なぜ体のシンメトリーなどというものをいろいろな手がかりから見抜く必要があるのかと、不思議に思われる方もいるでしょう。

体のシンメトリーとはいったい、どういう意味なのか。

体は本来、完璧な左右対称に発達すべきはずなのですが、いろいろな事情によってなかなかそうはいきません。左右対称な発達を妨げる最たるものが、バクテリア、ウイルス、寄生虫などの病原体による病気です。

つまり、体が完璧なシンメトリーに近い人ほど、それらの病原体による病気にかかった経験が少ないか、かかったとしても軽症ですんだと言えます。言い換えれば彼（彼女）は免疫力が高いのです。

様々な魅力を頼りに相手を選ぶと、その人物はよりシンメトリーに近い。つまりは免疫力がとても高いというわけです。

免疫力がどうしてそんなにも重要なのか、ピンと来ないという方もいるでしょう。そういう方はエボラ出血熱や、何年か前のＳＡＲＳ（サーズ）騒動、そして今回の新型コロナウイルス騒動を思い出してください。

それら激烈（げきれつ）な伝染病に対してはいくらお金があっても、地位があったとしても何の役にも立ちません。頼りになるのはひたすら本人の免疫力。人間も含めた動物、いや生物の最大の課題は、病原体といかに戦うかなのです。

声のよさは、免疫力の高さを表す

いい声の人ほど、体がシンメトリーであり、
免疫力が高いことがわかる。

口説きたいなら暗闇へ

心理学を駆使した絶好の勘違いスポット

つきあって間もない恋人たちが、小高い丘の上から眼下に広がる街の夜景を見ている。

「きれい」「素敵ね」などと言っているうちに、2人はついに初キスを……などというシーンは、ドラマや映画に欠かせないものです。

ここで、なぜ夜景なのか、なぜ昼ではなく夜なのかという、2つの疑問点が浮かび上がってくるでしょう。

まず、夜景ですが、真っ暗とか、ぽつぽつと明かりが見えるという程度では、さすがに美しいとは感じられない。夜景とは、街のきらきらとした明かりによって成り立つものです。**恋人たちは、鮮やかな光の刺激によってどきどきするというわけです。**

これは「吊り橋効果」と言われているものの1例と思われます。吊り橋の上にいるとき、恐怖のあまりどきどきするが、それがあたかも相手に対してときめいているかのように勘違いしてしまうという、あの有名な効果です。

夜景もこれと同じく、鮮やかな光の刺激によって単にどきどきしているだけなのに、それがあたかも相手に対してときめいているかのように勘違いしてしまうということなのでしょう。

もう1つの疑問、なぜ夜かですが、これはずばり「暗闇効果」と呼ばれているものによります。**夜や暗い場所で、人は心の垣根が取り払われやすいのです。**

暗闇は距離を近づける

アメリカの心理学者、K・J・ガーゲン（Gergen）は、明るい部屋と薄暗い部屋を用意。それぞれに初対面の男女を6人ずつ、1時間入室させ、行動を観察しました。

するとと明るい部屋では、一通り自己紹介した後、当たり障りのない日常会話が続き、各人は1メートル以内には近づこうとしませんでした。

一方、薄暗い部屋では、最初の30分間は明るい部屋と同様、自己紹介と日常会話がなされましたが、だんだんと皆が心を解き放ち始め、席替えをし、話が個人的に踏み込んだものとなり、中にはボディータッチやキスをする男女さえ現れました。

これが暗闇効果です。夜景を眺めるカップルは夜の帳によって心の垣根が取り払われ、体に触れ、ついに初キスに至るというわけです。

夜はまた、瞳孔が開きます。そのため目が美しく見えるのですが、瞳孔の広がりは相手に対し強い関心があることも意味し、これまた相手を勘違いさせる効果を持っています。

さらに、夜には特に女性の肌が色白できれいに見え、これもまた夜の持つ利点です。

このように見ていくと、カップルにとって夜景を眺めるよりもはるかにパワーを浴びるのが、クリスマスなどのイルミネーションを眺めるときでしょう。夜景と違い、イルミネーションは色が激しく変化し、点滅も繰り返します。その効果か、イルミネーションを眺めているカップルは、やたらベタベタくっついているという印象があります。

映画館で映画を見るのも暗闇効果を持つでしょうし（暗闇の中で初めて手を握るとか）、ホラー映画なら吊り橋効果も加わって一層効果的でしょう。

遊園地でわざわざ絶叫マシーンに乗るのも、吊り橋効果を無意識のうちに利用しているのでしょう。公園や浜辺での夜のデート、そしておしゃれなレストランやバーが暗いのは暗闇効果を無意識のうちに、あるいは意識的に取り入れているものと思われます。

暗闇効果は何も大人限定ではなく、子どもであっても、夏の合宿のような場面で友達と同じテントで寝るとか、キャンプファイアーを経験する、修学旅行で夜をいっしょに過ごすなど、普段はしないような会話で盛り上がり、クラスメートとの絆（きずな）が一層強まります。

恋愛は、勘違いなしでは成り立たない

ともあれ、男女が恋に落ちるときには、吊り橋効果あり、暗闇効果ありで、我々は勘違いだらけです。恋愛に発展してからも、「恋は盲目」であり、「あばたもえくぼ」とばかり、相手をよい方へ、よい方へと解釈してしまいます。

要は、恋愛にはそのような勘違い的要素が大いにあって、相手を実際よりも過大評価してしまうとか、相手の本当の姿がわからないような仕組みがないと成り立たないようになっているのです。もし、そうではないとしたら、いつまでたっても納得のいく相手が見つからず、繁殖にも結びつかないことになるでしょう。

人間は動物として、遺伝的に優れた相手を選ぼうとするものですが、あまりにも選り好みすることで繁殖のチャンスをつぶしてしまっては本末転倒なのです。

男は「名前をつけて保存」、女は「上書き保存」

〝女々しい〟のは誰？

ここ数年でよく言われる、男は「名前をつけて保存」するが、女は「上書き保存」するという名言。

男は、別れた彼女との思い出を大切に保存する傾向があるが、女は、彼のことはきれいさっぱり忘れる傾向があるというわけなのですが、実際にいくつかアンケート調査がなされています。

「ＮＥＷＳポストセブン」（２０１７年２月19日付）が20～30代の、現在交際相手がいる男女、２００人にアンケートを実施したところによれば、「あの人の方が素

敵だった、よかった」と思う元恋人がいるかどうかは、
女性は「いる」が27・0％、「いない」が73・0％。

男性では「いる」が52・0％で「いない」が48・0％。

女の大多数が、きれいさっぱりと元カレのことを忘れている。まさしく上書き保存です。**女の方が未練がましくなく、実は「女々しく」もないのです。**

一方、男は忘れられない元カノがいるケースの方がやや上回り、名前をつけて保存するケースの方が多いことが示されました。**男の方が未練がましく、皮肉なことに「女々しい」ということになるのです。**


このように女は「上書き保存」派が圧倒的多数を占めるものの、忘れられない元カレがいると発言する女も少なからずいます。それは今カレとうまくいっていないか、自分が元カレに振られた、あるいは破局の原因が自分にあるなどの場合だろうと、フリーライターの亀山早苗（かめやまさなえ）さんは指摘しています。

実際、これらの女に、もしその元カレに告白されたなら、今カレと別れてつきあうかと質問すると、6割近くがイエスであり、元カレに乗り換えようとするのです。

女は慎重に男を選ぶ

こういう現象を通して見えてくるのは、やはり人間でも相手選びの主導権を握っているのは女（メス）の方だということ。

なぜメスか。ほ乳類を例にとれば、メスは一度妊娠すると、出産、授乳と次々するべきことが目白押しで、次に子を得る機会は随分先になる。

片やオスは一度射精したなら、次に子を得るチャンスは精子量が子を得られるほどに回復して、メスと出会ったとき。実際に子をつくれるかどうかはわからないが、チャンスだけはすぐに巡って来るのです。

このような事情の違いから、メスは産むならできるだけ質のよいオスの子を、と慎重に相手選びをする。片やオスは数打ちゃ当たる方式であり、その際、相手の質を厳しく見極める必要がないのです。

ともあれ、人間でも原則として女が男を選ぶわけなので、別れるとしたら、たいていは女の方から話を切り出すことになるでしょう。そしてもし女が振られるとしたら、相手はよほど質のいい男の場合に限定されるでしょう。

つまり、ほとんどの女が元カレをきれいさっぱりと忘れられるという現象があるのは、自分の方から振ったからこそであり、相手への愛想はつきており、未練どころか、思い出すのも嫌だからなのです。

片や、元カレを忘れられないという女の場合には、主として相手に振られたからこそ忘れられないのでしょう。もちろん相手は男として大変魅力的であった。そんなわけで、もし元カレに告白されたならという質問に対し、今カレから乗り換えると答えるケースが多いのです。

サークルクラッシャーとオタサーの姫

モテるはずのない女がモテる場所

10年ほど前から知られるようになった「サークルクラッシャー」と「オタサーの姫」という言葉。

サークルクラッシャーとは、男ばかりがいるサークルに、女が1人だけ参加。複数の男と交際した挙句、サークルの和を乱し、サークル自体をクラッシュ（解体）させてしまう女の意です。こういうクラッシュは、女にモテない、オタク系の男のサークルで起こりやすいと言われます。

一方、オタサーの姫とは、オタク系の男のサークルに女が1人だけ参加し、「姫」としてちやほやされる存在のこと。

よって、もしオタサーの姫がサークル内の複数の男と交際し、サークルの和を乱し、解体させたなら、サークルクラッシャーと名を変えることになるでしょう。

この2種の女ですが、女としての魅力については普通か、むしろ普通以下なのですが、何しろ紅一点。しかも、相手は普通なら女からアプローチのないオタク系の男たちなので、信じられないくらいにモテるし、手玉にとることが可能になるというわけなのです。

理系学部で起こりやすい「姫状態」

私はかつて、自分から望んだわけではないのに、事実上のオタサーの姫状態でした。大学の理学部は圧倒的に男が多いわけですが、前半の2年間である教養課程では、第2外国語として何を選ぶかでクラス分けがなされました。

全部で6組のうち、1つはフランス語、もう1つはロシア語、残る4つはドイツ語のクラスだったのですが、女子のほとんどがフランス語を選んでしまい、1人がロシア語を、そして残る4人がドイツ語を選んだ。その結果、ドイツ語の4クラスには女子が1人ずつ振り分けられることになったのです。私はドイツ語を選んでいたのでクラスで紅一点の状態になってしまいました。

さらに驚いたのは後半の2年間である専門課程で、「生物系」を選択したところ、これまた女1人。普通、生物学には女が多いものですが、私の大学の場合、女子の大多数が物理、数学などに進んだため、このような結果となったわけです。

当時、「オタサーの姫」などという言葉はありませんでしたが、私は同級生の男子学生から、それはそれは大事にしてもらいました。そもそも生物学を専攻するような男子は元々、優しく、穏やかなのですが。そして「これほどまでに女がいないと、久美子さんでも、可愛く見えてしまうから不思議だ」と、褒めているのかけなしているのか、よくわからない評価を受けていました。

もっとも、あのとき誰か特定の男子と深い仲になるとか、集団内の男子から男子へと渡り歩くとか、ましてや二股、三股をかけたとしたら（そんな芸当が私にできるとは思えませんせんが）……どんな恐ろしい結果が待ち受けていたことか。

サークルクラッシャーはサイコパス？

こうして見てみると、少なくともサークルクラッシャーとは、確かにサークルを破滅させるという結果をもたらします。しかし、それが主たる目的ではないのではないか、という気が私にはします。

通常の恋愛市場ではモテる部類ではない女が、オタク系の集団に進出し、大いにモテて、複数の男と関係を持つ。その結果、**それらの男のうちの最も優れた遺伝子の持ち主との間に将来子をなすという可能性を追求する**——そのような目的があるのではないでしょうか。

『サイコパス』（中野信子著、文藝春秋）によると、オタサーの姫やサークルクラッシャーは、女版のサイコパスかもしれないのだそうです。サイコパスと聞くと、連続殺人犯のような人々を想像しがちですが、とにかく良心による歯止めが効きにくく、反社会的な行動を平然と行ってしまうという人物にも当てはまるのです。サークルクラッシャーは確かにサイコパスかもしれませんが、オタサーの姫はどうかなと思う次第です。

また、欧米ではサークルクラッシャーのことを「ｙｏｋｏ」と呼ぶとのこと。ビートルズを解散させた一因がオノ・ヨーコさんにあるからというのですが、そもそもビートルズはオタク集団どころか、超モテ男集団。

そしてヨーコさんはジョン・レノンとのみつきあっていて、ビートルズの他のメンバーとつきあったという話は聞かず、誤解による命名だと思います。

ダメ男はダメじゃない場合もある

モテるダメ男は何が違う？

ダメ男ばかりと次々つきあう女を「ダメンズウォーカー」などと呼んで揶揄(やゆ)しますよね。何であんなダメ男がいいのか、男なら他にもいるだろうに、わざわざダメ男を選ぶなんて、そもそもダメ男とつきあっていいことなんてあるの？　などと。

しかもその場合のダメとは、働かないとか、浮気を繰り返す、女にだらしがないといった、社会的なダメな点ばかりが問題視されます。

しかしどうでしょう？　彼らははたして、動物のオスとしてもダメなのか。

ダメ男は社会的にダメなだけで、動物のオスとしては決してダメではないのでは

ないか。いや、それどころか、社会的なダメを補って余りある優秀さを持っているはずなのです。そうでなければ、ダメンズウォーカーはただの愚かな女ということになってしまいます。

ダメ男でもいいのだ

ダメ男と言われる人々、古くはヒモと呼ばれた男たちを見て、何か気づくことはありませんか？

私は、**それはルックスがいいとか、声がいい、スポーツができる、音楽の才能がある、話が面白いといった、男としての魅力にあふれているということだと思います。**スポーツや音楽の才能については、プロになれるほどのずば抜けたものでなくても構いません。とにかく、「あら、素敵じゃない」というくらいの魅力があることが重要です。ルックス、声についても同様で、俳優になれるほどでなくてもＯＫです。

これらの魅力ですが、いったい何の役に立つのかと思われる方も多いでしょう。既に説明しているように、実はこれらは男の生存能力や繁殖力の証。動物のオスとして最も重要な能力を証明するものなのです。だからこそ女には、それらを魅力と感ずる心理が進化したと言えるのです。

実際、男の声とルックスのよさについては、免疫力の高さと相関があることがわかっています。

免疫力は、様々な寄生者、つまりウイルス、バクテリア、寄生虫などと戦う能力なので、ずばり生存能力の高さと関係します。さらに免疫力は、女が繁殖の相手を選ぶ際に最も重要視するものです。というか、**女は無意識のうちに相手の免疫力の高さを、様々な魅力を通じて判断しているというわけです。**

スポーツの能力、音楽の才能については免疫力の高さとの直接の関連についての研究はないものの、男性ホルモンの代表格である、テストステロンのレベルとの相関があることがわかっていて、それは指比(ゆびひ)を調べることで判明しました。

指比とは薬指の長さに対する人差し指の長さ。要は人差し指の長さ÷薬指の長さであり、この比の値が小さいほど、胎児期にテストステロンのレベルが高かったことを物語っていて、成人してからもそうであると考えられています。

優れた男性のプロスポーツ選手やオーケストラの男性団員は、一般人よりも指比が低く、テストステロンのレベルが高いと思われます。少なくとも繁殖能力との相関はありそうです。

話が面白い男がモテるわけ

話の面白さについては、そもそも研究すること自体が難しいわけですが、女がかなり重要視することから、何らかの形で生存能力、繁殖能力と関わっているはずです。

ソマリア出身のファッションモデル、イマンさんが故デヴィッド・ボウイと交際し、結婚する決め手となったのは、彼の抜群のジョークセンスだったと言います。ルックス、音楽の才能、名声、富など、有り余る魅力の中から最も重要視したのがジョークセンスというから侮(あなど)れません。

そして右脳を損傷すると、ジョークがわからなくなるという研究があることから、少なくともジョークを解する能力は右脳と関係していて、右脳の発達を促すのが、テストステロンなのです。

バンドを組んでいれば
モテる

なぜ女は3Bに惹かれてしまうのか

女がつきあうと痛い目にあうこと間違いなしの、3Bなる男がいると言います。即ち、**バンドマン、美容師、バーテンダー**。

中でも最もひどいのがバンドマンだと言われています。バンドマンとつきあったことのある女性たちが言うことには、

・夢を諦めず、将来が不安である
・現実を見ようとせず、「ロックで世界を変えてやる」などと大言壮語する
・ファンに手を出すなど浮気が多い
・地方地方に女がいる

・ファンに嫉妬され、刺されるかもという恐怖がある など。

そして音楽の世界で運よく成功した場合、私の知る限りでは、不遇時代を支えた女性をあっさりと見捨てる。あるいは、これまでありがとうと感謝し、結婚するものの、すぐに女優などと浮気し、離婚に至るというケースが多いようです。売れた途端、自分にはもっとレベルの高い女がふさわしいと勘違いしてしまうのでしょう。

そのようなわけで、バンドマンとつきあったとしても、まずはバンドが売れて、なおかつ彼と結婚し、末長く幸せな人生を送るというケースは、宝くじの高額当選並みに望みが薄いと思います。

とはいえ、いくら確率が低いからといっても、宝くじの高額当選者が現実に存在するのと同じで、そういうケースがまったくないわけではありません。たとえば、アメリカのロック・バンド、「ボン・ジョヴィ」が80年代に大ブレイクし、リーダー兼ヴォーカルのジョン・ボン・ジョヴィは女優などと散々浮名を流しました。彼のルックス、音楽の才能、そして現実にバンドが大成功したことからすれば、モテて当然です。

しかし彼が最終的に選んだのは、ハイスクール時代につきあっていた彼女。その後も幸せな家庭を築いているようです。日本でも似たパターンがあります。

「バンドマンであること」自体がモテる

そうしてみると、ただ単にバンドマンであり、売れる見込みもほとんどなく、まして や成功した場合に妻になれる可能性もない男に、なぜ女は惹かれるのでしょう。

その男のどこに魅力があるのか、と言えば、少なくとも、とあるバンドのメンバーであることとです。**そのバンドには小さなライブ会場でなら客を集めることが可能な程度の、バンド自体の音楽の才能、各人の演奏力やヴォーカル力、ルックスなど、様々な魅力が総合的に備わっているということではないでしょうか。**将来、芽が出るかどうかは、別問題です。

バンドマンがファンと浮気するのも、地方地方に女がいるのも、これらの魅力ゆえです。そして何度も繰り返しますが、声の良さ、音楽の才能、ルックスなどはその男の免疫力や生殖能力の高さの証です。女にとって最も手に入れたい能力であり、遺伝的性質なのです。

バンドとして成功を収めるには単なる音楽的能力に加え、そのバンド特有の個性が必要となるでしょう。しかし、こういう独特の個性は、単なる免疫力や生殖能力とはほとんど関係ないと私は考えます。**よって売れていてもいなくても、バンドマンはモテるのです。**

話し上手な美容師、バーテンダー

ちなみに3Bの残る2つである、美容師とバーテンダーですが、どちらも一対一の接客業であるため、女性客と親しくなりやすいという面があります。しかし一対一になったときに、何ら気の効いた会話が交わせないようでは女性にモテないわけで、彼らは会話術やユーモアのセンスの持ち主である場合に女性にモテるのだと思います。

これらもまた生殖能力や免疫力に関わる問題なのでしょうし、またそうであるからこそ女から見て魅力的と捉えられるのでしょう。

女の方が浮気は得意？

女はウソをつくのがうまい

男より女の方が浮気は得意なのか？

実際の研究例がないので断言はできませんが、そうであって当然だと思います。浮気ではないものの、女はこれほどまでにウソをつき、本心を隠すことがうまいのか、と感心した例があります。


既に終わったテレビ番組ですが、その中にこんなコーナーがありました。

男女1人ずつのゲストが、1品だけが大嫌いであり、残りの3～4品は大好きという食べ物や料理を順に食べていきます。その様子や、質問に対してどんな不自然で不可解な回答を返すかなどといった情報から、どの品が本当に嫌いなのかを当てるというゲームです。

その際、女は見事なまでに本心を隠し通すのです。中には気持ち悪くなってティッシュにはき出す女性、皿を持つ手が震える女性も見受けられましたが、彼女たちは例外中の例外。たいていの女性は涼しい顔をして、大嫌いな食べ物を口へ運ぶのです。

一方、男の方は簡単にバレることが多く、苦渋の表情を見せるとか、言動もしどろもどろになるなど、極めてわかりやすかった。

そんなわけで浮気の事実を隠すことも、またバレずに浮気を実行することも女の方が得意であろうと思われます。

もしパートナーが浮気をしたら

また、次のような理由からもそう推測されます。

そもそも浮気をした場合、男も女も、同じことをしたのだから同罪なのでしょうか？　違います。

同じ浮気でも、男と女ではまったく事情が異なるのです。

まず、男が浮気した場合ですが、浮気相手の女に夫なり、彼氏なり、パートナーがいるのなら、ほとんど問題なしです。なぜなら、子ができたとしても、彼女が「あなたの子よ」とパートナーを騙し、育てれば一件落着。浮気をした男はもちろん、浮気をされた女にも被害は及ばないと言っていいでしょう。

しかしこの件の裏返しである、女が浮気をし、浮気相手の男の子どもを身籠った場合にはどうなるか。パートナーである夫なり彼氏なりは、他の男の子どもを育てさせられるはめに陥ります。

これぞ、男にとって人生最大の悲劇。取り返しのつかない大損害を蒙ることになります。

そのようなわけで、男はパートナーである女の行動には目を光らせています。姑などは息子の妻の夜の外出は許さない、「同窓会には出席するな」などと行動を制限しますが、それも当然のこと。我が子の一生を棒に振らせないためなのです。

一方、女は女でバレないよう浮気をします。浮気をした後も、そしてもし浮気相手との間に子ができたとしても、平然としていられるなど、何かと本心を隠す能力を進化させているはずです。何しろバレた場合には、「浮気相手の子とともに出ていけ！」などという大きな代償を払うことになるのだから。

現代ではDNA鑑定という必殺技によって、「我が子が本当に我が子なのか」という、かつて男にとってもどかしかった案件がきれいさっぱりと解決されるようになりました。しかし人間の歴史のほとんどは、男は「この子は本当に俺の子なのか」という疑念を抱きつつ生きなければならなかった。**そのために、男には妻に対する嫉妬や束縛の心がより強く備わったのではないでしょうか。**

女も夫に嫉妬したり、束縛もするかもしれませんが、これまで述べてきた事情からすると、夫ほどには強いものである必要がありません。

女にとってはそれよりも自分が浮気した後、夫に気づかれぬよう、平然としていられるとか、本当は後ろめたいのだが、その本心を隠し通すことができるという能力が備わってきたのかもしれません。

第2の部屋

家族

そして、父になる……？

イクメンはなぜイクメンなのか

どんな男でも、我が子が生まれたなら（それが本当に我が子であるなら）行動は変化するし、すべきでもあります。我が子の生存と成長のためにエネルギーを投入する……。

しかしながらここで、男にはどうやら2派あるようなのです。

1つはもっぱら育児に意欲を注ぐ派。そしてもう1つは、確かに育児は手伝うものの、家庭外での活動にもしっかりといそしむ派。

何が男をそうさせるのでしょうか？　それはずばり睾丸（精巣）の大きさの問題なのです。

背が高いとか、筋肉質であるとか、声が低いなど、男としての魅力を引き出し、性欲の源ともなる、テストステロン（男性ホルモンの代表格）は主に睾丸でつくられます。

そこでまず、イギリスのロビン・ベイカーらは、男たちの左の睾丸サイズを測りました。長径と短径を測り、睾丸をラグビーボールのような回転楕円体とみなして体積を割り出すのです。

それと同時に男たちの日頃の行動をよく知る人物たちに、彼がどれほど性的に怪しい行動をとっているか、インタビューして聞き出します。

すると、睾丸の大きさと行動の怪しさとの間に相関がありました。

もちろん睾丸が大きい男は、行動が怪しい傾向がある。

これはあくまで傾向があるというだけで、絶対にそうだという話ではないのでご注意ください。睾丸が大きくても、妻一筋、彼女一筋の男性もいます。

世話好きな父親

その一方で、睾丸サイズとイクメン度とに注目した研究もあります。アメリカ、ジョージア州アトランタ、エモリー大学のジェニファー・マスカロ（Ｍａｓｃａｒｏ）らのグループは、70人の幼い子を持つ男の睾丸サイズをＭＲＩ（核磁気共鳴画像）で測定しました。ジェニファーという名からもわかるように、この研究は女性が中心となって行われたことが意義深いのです。

イクメン度については、24項目について1から5までの評価を本人が下します。たとえば、我が子（1～2歳）を予防接種のために病院に連れていく件について、ほぼ毎回自分が連れていくのなら5、ほぼ毎回母親が連れていくのなら1、中間の段階については父親の貢献度に応じて評価が決まります。

結果、全項目の合計のポイントと、その男の睾丸サイズ（左右の平均）との間には、負の相関がありました。

イクメンは睾丸が小さい傾向にある――。

そもそも睾丸が小さいので、男性ホルモンの代表格で、性欲の源であるテストステロンのレベルが低く、性的にあまり活発ではありません。家庭外で活動をする気が起こらない（というかテストステロンのレベルが低く、男としての魅力がいまいちなので、家庭外での活動に意欲を燃やしたとしても、なかなか成果があがらない）。その代わり**我が子の世話をしっかりすることで、子を確実に生き延びさせようとするのです。**

あちこちで子孫を残そうとする浮気男

すると当然、睾丸の大きい男はといえば、我が子の世話にはあまり熱心ではない傾向にありました。

性欲が強く、男としての魅力も備えていてモテる。よって**家庭に軸足を置くよりは、家庭外での活動も同時に進行させ、自分の遺伝子をばらまこうとするのでしょう。**

さらに、我が子の写真を見せたときの脳の反応というものも調べられています。

ｆＭＲＩ（機能的磁気共鳴画像）という方法で、脳の血流がどこで盛んなのかを調べるのです。

当然というべきか、睾丸の小さい男の方が、脳の報酬系とモチベーションに関わる部分がよく興奮しました。我が子への関心がより強いのです。

世界共通の「魔の2歳児」

2歳児に現れる「イヤイヤ期」

「魔の2歳児」という言葉があります。英語でもずばり「terrible twos（恐るべき2歳）」と言うので、世界共通の認識なのでしょう。

2歳前後の子に現れるその現象は、何を言っても「嫌」と言う（そのためにこの時期は、「イヤイヤ期」とも言われる）、かんしゃくを起こしてものを投げる、奇声を発する、ものを嚙む、できるはずのないことでも自分ですると言う、あるいはその逆で赤ちゃん返りをする、言うことが二転、三転する、わがままを言う、ウソをつく、何でもまねし、汚い言葉を発する……などなど。

このような反抗的な態度のため、イヤイヤ期は、第1次反抗期と呼ばれることもあります。

親としては、とにかくその子に手がかかり、振り回され、常に注意を払わねばならない状況に陥ります。

子どもからの必死のアピール

それにしてもなぜ、2歳頃から子どもは魔の2歳児になるのでしょう。この年齢にどんな意味が含まれているのか?

実は、**子が2歳の頃というのは、赤ちゃんの時期がようやく終わり、親が次の子をそろそろつくろうとする時期。あるいは次の子が既にお母さんのお腹に宿っているか、生まれたばかりの頃なのです。**

もし前者の、親が次の子をという頃なら、親としてはこんなふうに考えるでしょう。

「この子がこんなにも手に負えないのなら、次の子はもっと先送りにしようかな」

こう考えたなら、しめたものです。親はもうしばらく、自分の世話に専念するこ

「イヤイヤ期」が表すもの

「イヤイヤ期」は、
両親の注意を引きたい2歳児のアピールだった。

とになります。

では、後者のように既に次の子が宿ったか、生まれてしまっていたとしたら……？

その場合にも、反抗的態度で親の注意を引き、振り回すことは効果的です。何もせず、よい子でいたら、親は次の子の世話にかかり切りになるでしょう。でも、親の注意を常に引いておくことで、自分の世話を忘れさせないようにすることができるのです。

特に**「赤ちゃん返り」という魔の2歳児の特徴は、この時期にとる態度の目的が、自分の世話を忘れさせないことだという本当の目的をあからさまに示しているではありませんか！**

魔の2歳児、または「イヤイヤ期」が次の子に対する対抗策であることは、この現象のピークが3～4歳にあり、4～5歳になると収まることからもわかります。

4～5歳ともなると、さほど親の世話は必要ないし、次の子は生まれるとしたら、もうとっくに生まれていることが多い。そしてまさにその次の子がイヤイヤ期に達し、そのまた次の子に対する対抗策として親を翻弄（ほんろう）しているかもしれないのです。

赤ちゃんは生き抜くために可愛くなった

赤ちゃんらしさの意味

チンパンジーの子どもの尻尾（しっぽ）には、白い毛が固まって房状になった部分があります。この房毛（ふさげ）はどんな姿勢をしていても目立つのですが、チンパンジーにとってはこれが子どもであることの印。この印がある限り、周りの大人たちから攻撃されることはなく、優しく接してもらうことができます。

実は人間の赤ちゃんにも似たような現象があります。赤ちゃんらしい可愛さの要因である、大きな目、小さな鼻、膨らんだほほ、ぷにゅぷにゅの腕や脚といった特徴です。こういう特徴を目にすると誰も攻撃しようという気にはならず、思わずにやけ、なで回し、ときには赤ちゃん言葉で接したりもします。

ただしチンパンジーの尻尾の白い房毛とは異なり、そういう特徴の程度が赤ちゃんによって違っている。そして、**より赤ちゃんらしい赤ちゃん、より可愛い赤ちゃんほど、母親からより多くの愛情を受けて育つのです。**

もちろん、どんな親にとっても我が子が一番、よその子と比べるなんて間違っているという意見もあるでしょう。しかし研究からわかったのは、こんな現実でした。

母親でさえも、赤ちゃんの可愛さに左右される

アメリカ、テキサス大学のジュディス・H・ラングロワ（Ｌａｎｇｌｏｉｓ）らは、テキサス州オースチンの市民病院に入院し、初めての子を出産した女性１００人以上とその赤ちゃんについて、生まれて数日間の様子を観察しました。

ちなみにこれらの母親には心身の健康に問題がなく、子も平均で約40週の出産であり、極めて順調な生まれ方をしています。これらの親子を取り巻く環境（収入、家庭環境、母の年齢、受けた教育の程度など）は、なるべく違いがないように配慮されています。

また観察者は特別な観察のトレーニングを受けた人々で、病室の隅にいて、母子が遊んだり、授乳したりする一連の様子を、20～30分間観察して記録します。そして母親や赤ちゃんとまったく関係のない人々（この大学の学生たち）に赤ちゃんの写真を見せ、どれほど魅力的か、つまり可愛いかということを5段階で評価してもらいます。

写真は赤ちゃんが眠っているときのものか、そうでない場合にはニュートラルな表情をしているものを使います。

すると**評価の平均が高く、非常に可愛いとされた赤ちゃんの場合は、授乳の後、背中をなでてゲップをさせる、体を拭いてきれいにする、異常がないかチェックする、といった母親からの日常的な世話以外にも、抱きしめる、話しかける、なでる、アイコンタクトをとる、といった愛情表現をたっぷりと受けていました。**

しかし評価の平均が低く、あまり可愛くないとされた赤ちゃんの場合、母親からの世話についてはむしろよくしてもらえているのに、愛情表現については希薄で、母親は赤ちゃんよりもむしろ他人に注意を向ける傾向がありました。

赤ちゃんの可愛さが表すもの

赤ちゃんらしい可愛さの程度により、我が子であったとしてもこれほどまでに態度が変わる。とすると、この赤ちゃんらしい可愛さとは、どういうことを意味するのでしょう。

まず1つには、赤ちゃんらしい可愛らしさとは、チンパンジーの子どものお尻の白い房毛と同じで、他者の攻撃性をくじき、優しくさせる働きがあることは間違いありません。とはいうものの、その程度によって母親からこんなにも違った扱いを受けることになるからには、もっと別の深い意味があるはずです。

つまり、予定通りに生まれ、赤ちゃんらしい可愛さに満ちた子は極めて健康であると考えられ、母親はその可愛さに夢中となり、格段の愛情を注いで育てるわけですが、結果として子はますますよく育つことになるでしょう。

予定通りに生まれた子でも、あまり赤ちゃんらしい可愛さに恵まれていない場合には、そう健康ではない可能性がある。母親としては、その可愛さの欠如から、つい愛情の出し惜しみをしてしまうわけですが、その振る舞いはその子が文句なく健康とは言えないことに対する、母親本来の行動なのかもしれません。

母親たちは栄養面が充実しているとか、医療技術の進んでいる、今の時代の基準で子を見るということに、心理面での進化が追いついていないのでしょう。

かなり昔の、子が育つかどうかの基準によって行動する。こんなに健康に不安があったなら、しっかり育たないかもしれない、だったら手を抜いてしまおうか、というわけです。

ちなみに私は虐待をすすめたり、容認するわけではありません。しかし動物としてどうしてもそうせざるを得ない一面もあるということを述べておきます。

毒親はなぜ存在し続けるのか？

どこにでもいる毒親

２０１３年頃から日本でも「毒親」という言葉がよく聞かれるようになりました。元々は１９８９年にアメリカの精神医学者、スーザン・フォワード（Ｆｏｒｗａｒｄ）が『毒になる親』（ＴＯＸＩＣ　ＰＡＲＥＮＴＳ）というタイトルの著書を発表したことに始まります。

毒親とは、一言で言うなら、**親であることの権威を振りかざし、子を過剰に支配しようとする親**。

たとえば、「親の言うことに逆らうことは許さない。逆らうなら勘当だ」「いったい誰に養ってもらっていると思っているのだ」「嫌ならこの家から出ていけ」などと言い、自身ができもしない高度な能力や成果を期待する（スポーツの能力、学校での成績など）。

独自の家庭内のルール（それは子からすれば、矛盾していたり、納得のいかないものだったりする）をつくり、押し付ける。

子の容姿や頭の悪さ、スポーツの能力などについてけなすとか、子の犯したミスをいつまでも責め続ける。

就職の際にも、本人の希望は無視し、ひたすら世間体を気にする。「こんな小さな会社じゃダメだ。もっと名の知れた会社にしなさい」。

結婚相手にも当然難癖をつける。「つりあわない、もっといい相手がいる」。

そして親に育ててもらったことへの恩返しを強要する、などなど。

要は、親という立場を利用した、言葉や態度による虐待であり、モラル・ハラスメント、パワー・ハラスメントなのです。これらは外部の者にとってはなかなか気づきにくいでしょう。しかし毒親の定義によっては、身体的暴力や性的暴力、育児放棄のような、強烈で、外部の者にも気づかれやすい虐待も含めた行為を行う親も含むことになります。

毒親は両親の片方だけという場合もあれば、両方ともという場合もあり、その際、片方は強烈だが他方はそうひどくはないなど、様々なケースがあります。親が毒親ゆえ、過剰な期待をかけられ、実際、期待にこたえなくてはと努力し、社会的に成功した人も少なくありません。ご本人が著作やインタビューで述べられている限りでも、タレントでエッセイストの小島慶子さん、小説家の角田光代さん、歌手・女優の小柳ルミ子さん、女優の杉本彩さん……。

たとえば、幼少期からいくつも習い事をさせられたり、必要以上に親に干渉されたり、それぞれ親に対して複雑な感情を抱かれていたそうです。

こうしてみると、**毒親としては子にプレッシャーをかけ続けると、子が本当に成功する場合があるわけで、大変悲しいことですが毒親が毒親であり続ける目的は、こんなところにもあるのかもしれません。**

毒親に育てられて

こんなことを言う私にしても、特に母親が紛れもない毒親でした。思い出すだけでも胸が詰まる思いをするのは、こんなエピソードです。

小学校低学年の頃、私はまだ勉強に興味を持つことができず、成績は中の下といったところでした。取り柄と言えば運動会の徒競走で1番をとれることくらい。4～5人でヨーイドンで走って1着という程度です。

ところが4年生になったとき、運動会の数日前の練習で走ってみたら、とんでもない事態が発覚。いくら力を尽くしても1番になれない。スタートの号令に全神経を集中させ、脚の運び、腕の振り、すべてに全力を注いでいるというのに2番か3番なのです。

今にして思うとちょうどその頃、他の女の子たちの身長が急速に伸びていたのに対し、晩熟型（ばんじゅくがた）の私はクラスでも低い方から3番目くらいになっていた。要は体の発達が遅く、相対的に足も遅くなったのではないかと思います。

ともかく、思ってもみなかった結果に私は全身の血が引くような思いになりました。これは雷が落ちる。間違いなく、頭ごなしに叱られる。逃げ場がない。運動会なんて中止になればいいのに。いやいや、まだ決まったわけではない、本番があるではないか。

はたして当日……やはりダメでした。3着。

見学に来ていた母は、私をけなし始めました。「どにすい」（どんくさいとか、鈍いの意味の名古屋、岐阜地方の方言）。「何をどにすいことをしておる」。

帰宅しても延々と罵倒（ばとう）が続き、さすがに兄が「長嶋選手だって体調が悪ければ、打てないのに」とかばってくれましたが、聞く耳持たず。

もちろんこれ以外にも、自分の望み通りにならないことには何かと難癖をつけてきました。

大学で生物学を専攻した際も、なぜ数学でなくて生物学なのか（母にとって生物学科は落ちこぼれ学生が選ぶ進路。頭のいい学生は数学科に進学するということになっていた）、大学院に進んだ後、まともな研究者ではなく、自由に研究し、著作を発表する道を選んだことも、当然のことながら大激怒。もうこの頃には両親とは縁を切り、経済的援助も完全に絶っていましたが。

とはいえ私が動物行動学、進化生物学を学んでわかったのは、何とも皮肉な結論でした。

親が子の行動に、かなり深いところまで介入するというのは、動物本来の性質と

して当たり前だということです。子とは自分の遺伝子のコピーの半分を受け継いでいる存在。そして生物は自分の遺伝子のコピーをいかに次の世代へと受け渡していくかの論理で動いている。とすれば**親が子の行動を操り、自分の遺伝子のコピーを最大限その次の世代へ残そうとするのは当然の行いです。**

ただ、子は一方の親と半分の遺伝子を共有すると同時に、もう一方の親とも半分を共有している。この点で各々の親とは、利害の一致する部分としない部分があるのです。

しかしながら、毒親と言われるほどの親による子の操作は、常軌を逸していると言えるでしょう。子は精神に異常をきたすことさえあるのですから。

毒親は遺伝子に操られている？

私が常に思っていたこと、それは、こんな親からは一刻も早く離れて自立したいということでした。実はこれが毒親が１つの戦略として存在し、いつまでたってもなくならない理由ではないかと思います。

何しろ子が早く家を出て自立すれば、その子は早めに次の繁殖を始めることになります。避妊法が確立された現在とは違い、かつては親元を離れ、誰か異性と暮らしをともにするということは即ち、子ができることを意味していたのです。

私は自分もあんな親になるのかもという思いから、親になる道を避けましたが、少し前の時代なら、パートナーを得た時点で嫌でも親にならなければならなかったことでしょう。

毒親に育てられた子は、ときには社会的に成功することもあります。が、このように親から早く独立し、早く繁殖すること自体にも意味があります。こうして親の遺伝子を次の世代に残す、確率を高める。これが遺伝子の本命のルートではないかと思います。

毒親。哀れだけれど、遺伝子のいいなりになっている存在。そして毒親を持つ子。早く自立して早く子を持つとしたら、これまた遺伝子のいいなりなのではないでしょうか？

孫は目に入れても痛くないほど可愛いのに、子となると複雑なわけ

「どの子も可愛い」は、神話？

孫は目に入れても痛くないほど可愛いと言われているが、子に関しては、どの子も無条件に可愛いとは思えない。正直に告白すると、中にはあまり可愛いと思えない子もいる……。

こういう告白に対し、どの子も平等に愛さなくてはダメじゃない、子を愛することに差をつけるなんて親として失格だ、などと思われる方もいるでしょう。

そういう方は子を育てた経験がないか、あるいは育てたことがあっても、自分を客観的に捉えることができない、あるいは本当のことを知るのが怖くて敢えて客観的に捉えることを避けているのかもしれません。

人間も動物の一種です。実は動物としては、どの子も平等に愛するとか、世話をするという行為は極めて危険で、最悪の場合には子どもたちが全滅という事態に至るのです。

平等に愛すると危険なわけ

イギリスの国民的鳥類学者、ディヴイッド・ラック（Ｌａｃｋ）の研究をもとに述べると、今ここに８羽のヒナを育てている鳥の夫婦がいたとします。季節が進むと、昆虫の幼虫のようなエサがだんだんと不足してくるでしょう。このとき、どの子にも平等にエサを与えるべしという方針のもと、８羽の子に同じようにエサを与えていたらどうなるか。

結果は悲惨です。どの子も同じ程度に飢えることで、全員が餓死するか、餓死を免(まぬか)れたとしても発育が悪く、将来の繁殖は絶望的でしょう。

こういう事態を免れるために、鳥たちはどういう対策をとっているのか。それが子の差別です。たとえばシジュウカラは春から夏にかけて2回ほど繁殖しますが、

より確実に子孫を残すために

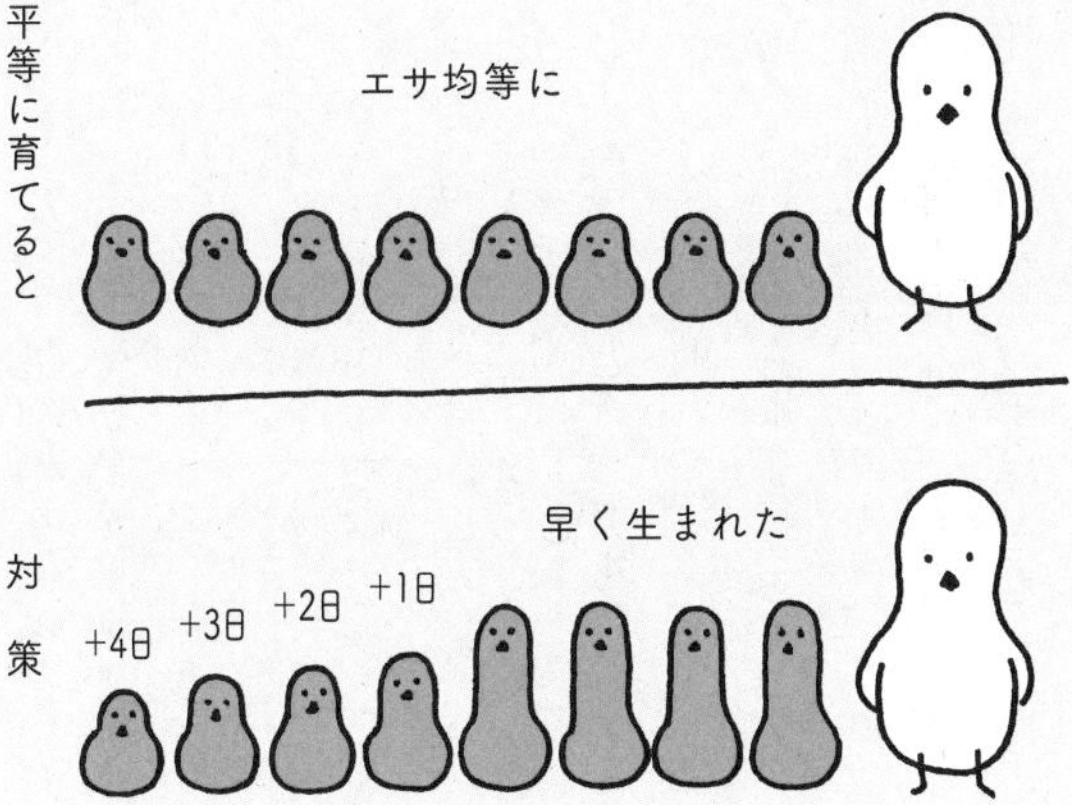

平等に育てると

エサ均等に

対策

+4日 +3日 +2日 +1日

早く生まれた

子孫の全滅を防ぐために、
親は工夫を凝らして子育てしている。

エサが不足しがちになる2回目には、たとえばこんな産み方をします。

全部で8個の卵を産むとしたら、最初の4個はだいだい1日おきに産み、4個産み終えてから温め始めます。そして残る4個については、温めている腹の下へ、やはり1日おきに産み足していくのです。

こうしてすべての卵が孵化(ふか)し、しばらくたつと、ほぼ同じ大きさの4羽と、それよりもやや小さい1羽、さらに小さい1羽、もっと小さい1羽、最も小さい1羽、のヒナたちがいる状態になります。

このときにエサが不足し始めたとしたら、どうなるでしょう。

親からエサを奪おうとする場合、どうしても体の大きいヒナの方が奪い合いに勝つでしょう。小さいヒナほど争いに敗れやすく、エサをもらえない。よってエサ不足の犠牲となるのは最も小さい子から順番にです。

ただ、どの子まで犠牲になるかは、そのシーズンのエサの状態によります。しかし、このように何でも全員平等ではなく、ヒナに差がつくという産み方をしておくと、少なくとも全員餓死、または発育不全という最悪の事態は免れることができるのです。

しかもこのように差をつけると、そのシーズンのエサ事情に合わせ、その状況下での最大限を追求することも可能です。エサが予想外に多ければ、最も小さいヒナでさえも育つかもしれません。

親には子孫を残すというプレッシャーがある

人間はここまで露骨（ろこつ）に子を差別はしませんが、今いる子どもたちの生存のために間引きをすることはかなり最近まで行われてきました。

また、今でも原始的な生活を送る、南米などの先住民たちの社会を調べたところ、双子は十分なサポートがなければ両方とも育てあげるのが難しいので、どちらかを殺してもよい、上の子とあまり間があくことなく生まれた子は殺してもよい、養育してくれる男がいないまま生まれた子や子に障害がある場合などにも殺してよい、などという掟（おきて）があり、殺してもとがめられない仕組みになっています。それらの殺しは、それだけを見るとマイナスですが、**全体的に見るならば、子の全滅を防ぎ、多くの子を生き残らせるための戦略です。**

現代社会では、こういう殺しは罪となります。また、そういうことにならないよう、社会や福祉からの助け、未然に防ぐための対策や知恵などもあります。しかし人間が本来抱いている、動物的に、いかに全滅を防ぎ、いかに多くの子を残すか、そのためにどうするべきかという心理は残っているはずです。それが、どの子も等しく愛せるわけではないという感情の源にあるものなのです。

では、子は平等に愛せないのに、孫は皆可愛いのはなぜか。それは**おじいちゃん、おばあちゃんが、親としての最大の葛藤（かっとう）であり、悩みである、上の子と歳が接近した子をほしくないとか、これ以上生まれたら上の子たちの生存が危なくなる、などという問題から解放されているからだと思います。**

そういう問題は親に任せる。とはいえ、特におばあちゃんは、娘の産んだ子は精一杯世話し、息子の娘は贔屓（ひいき）する傾向があるというお話を次にします。

孫の可愛さにも順位がある

どの孫も平等に可愛いわけではない

孫はどの子も可愛い、目に入れても痛くない、というのは本当だと思います。

しかしながら、同じ孫であっても、息子の息子（父方孫息子）か、息子の娘（父方孫娘）か、娘の息子（母方孫息子）か、娘の娘（母方孫娘）かによって、主に祖母がとる態度に微妙な違いがあるということがわかっています。

祖父がどうかと言う問題は、この際考えないことにします。というのも、これから紹介する話は、なぜ女は生殖能力を失ってから何十年も生きるのか。それはおばあさんとして孫の面倒をみるためだ。その方が自分で産み続けるよりも自分の遺伝子をよく次の世代に伝えられるからだ、という「おばあさん仮説」を検証する際に登場した研究だからなのです（そのせいでしょうか、最近では仮説の域を脱し、「おばあさん効果」と呼ばれるようになりました）。おじいさんはおばあさんと比べ、長生きしない傾向があるし、孫の世話にはあまり関わらないことが多いのです。

贔屓するには理由がある

まず、97ページの図をご覧ください。我々は22対の常染色体と1組の性染色体を持っています。常染色体は男と女で違いはありませんが、性染色体は、男でXY、女でXXという状態にあります。ちなみに遺伝子と染色体の関係ですが、染色体上に遺伝子が存在するのです。

男は父親からYをもらうために、Xについては全面的に母親からもらいます。そして女は片方のXは母親由来であり、もう片方は父親からもらいます。この図は父方の祖母（PGM）と母方の祖母（MGM）のXが、どのように受け継がれていくかを示したものです。

図の中で、Xがモザイク状になっている場合がありますが、それは女の生殖細胞ができる際に、X同士が交差という現象によって中身の一部を交換する過程がある

どの孫が可愛い？

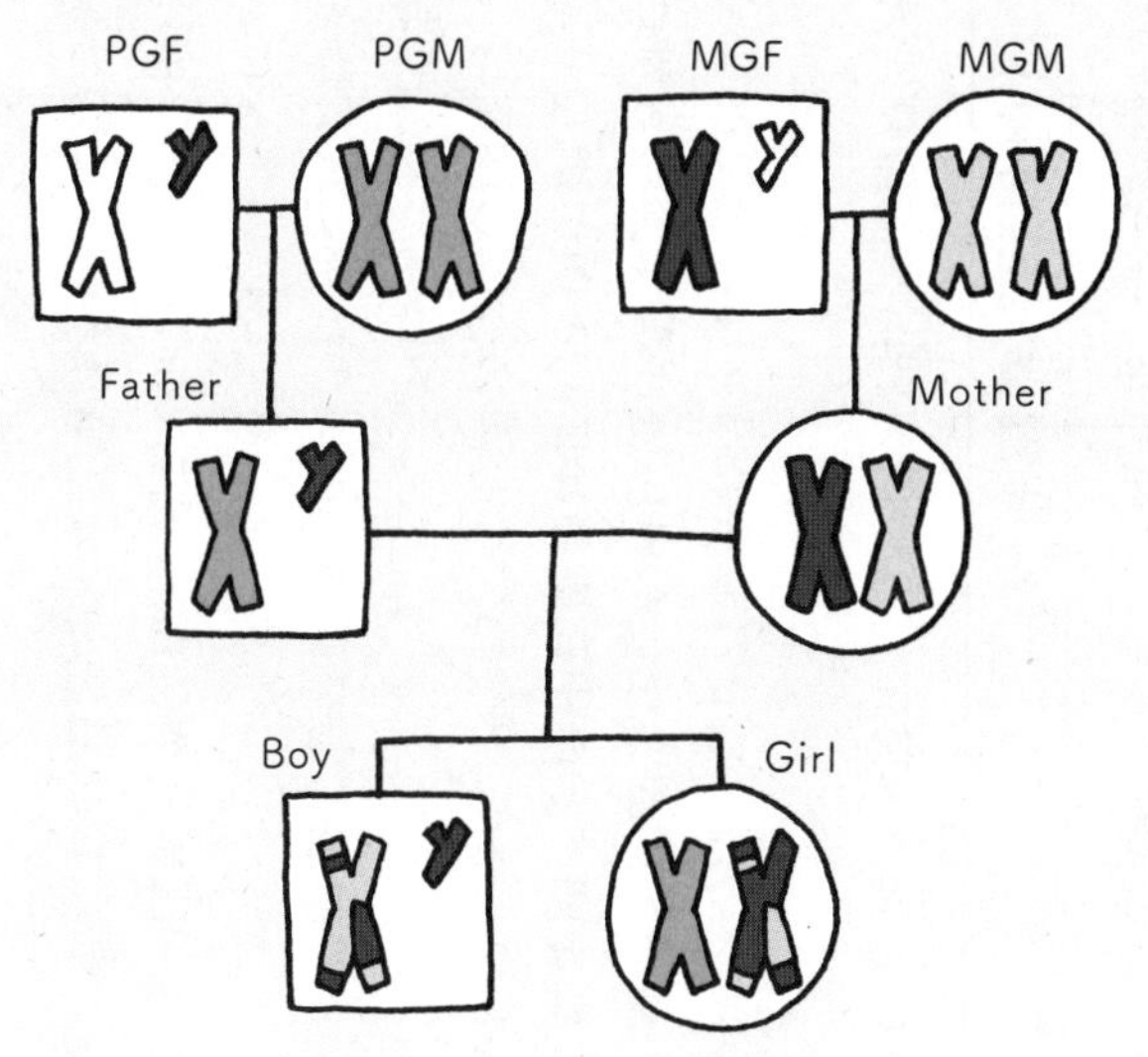

自分の遺伝子を多く受け継ぐ孫ほど可愛く、
祖母は世話をやく。

からです。

ともかく図の孫の代を見てください。父方の祖母は孫娘に何と自分のXのうちの50％もの遺伝子を受け継がせることになりますが、孫息子の場合には0％と、まったく受け継がせることができないのです。

母方の祖母の場合はどうかというと、孫は性別に関係なく、自分のXの25％を受け継いでいて、違いはありません。

こんなふうに、遺伝子の継承の度合いに違いがあるとすると、祖母の行動も当然違ってくるはずです。**もちろん、自分の遺伝子を多く受け継いでいる孫についてはせっせと世話をします。**食べ物を調達するとか、病気の看病をする、危ない目にあわないか見張っているなど。そうでない孫については、あまり世話をやかないということになるでしょう。

ちなみにXは大きな染色体であるうえに、遺伝子もぎっしりと載っています。

父方祖母は、孫を性別で贔屓する

では、祖母がどの程度、孫の世話をしているかを知りたいわけですが、どのように調べたらいいでしょう。それは、祖母の存在によって、孫の生存率がどう違うかを調べるのです。様々な世話の成果は、生存率というはっきりとわかる数値として現れるのだから。ちなみに祖母が存在しているとは、同居しているか、同じ村に住んでいる場合をもって「いる」とみなします。

こういう観点から、イギリス、ケンブリッジ大学のＭ・フォックス（Ｆｏｘ）らは、７つの記録を利用し、祖母の存在によって孫の生存率がどう変化するかを調べました。

７つの記録とは、日本の江戸・明治時代の長野県（１６７１～１８７１）、ドイツ（１７２０～１８４７）、イングランド（１７７０～１７９０）、エチオピア（１９９８～２００３）、アフリカのガンビア（１９５０～１９７５）、アフリカのマラウイ（１９９４～１９９７）、カナダ（１６８０～１７５０）です。

時代に随分違いがあるように思えますが、いずれも人がまだあまり移動せず、おじいちゃん、おばあちゃんが同居しているか、同じ村か、せいぜい近隣の村に住んでいるといった状況にそろえています。ちなみに日本の記録は宗門人別帳（しゅうもんにんべつちょう）によります。

すると、次のような傾向が現れました。ＭＧＭは、母方祖母（マターナル・グランドマザー）、ＰＧＭが父方祖母（パターナル・グランドマザー）です。

①ＭＧＭがいると、ＰＧＭがいる場合よりも、孫息子も孫娘も生存率がアップした。
②ＰＧＭがいると、孫娘の生存率が孫息子の生存率よりもアップした。つまり、ＰＧＭは孫娘には正の効果を、孫息子にはむしろ負の効果をもたらしていた。

このように、**ＰＧＭ（父方祖母）は孫を性別ではっきり区別し、孫息子には冷たく、孫娘に対しては大変熱心に世話をやいているらしいこと、ＭＧＭ（母方祖母）は性別による贔屓はしていなさそうだということがわかります。**自分の遺伝子の継承の度合いによって、世話の度合いも調整しているのです。

こういうことは祖母にとっては無意識のうちに行っていることですが、フォックスらは、孫は顔や体の特徴、におい、フェロモンなどによって祖母に「似ているアピール」を送っていて、その似方を頼りに祖母は世話の度合いを変えるのだろうと言っています。

母方祖母は遠い道のりも苦にせず、孫に会いに行く

不安な父性と、確実な母性

父方祖母の孫娘贔屓は、性染色体のXに注目することで理解することができました。今度はその観点をいったん取り除きます。ここで問題にするのは「父性の信頼度」です。

「父性の信頼度」というのは、女が産んだ子は絶対に彼女の子であるが、男にとってはパートナーが産んだ子が本当に自分の子であるかどうか、常に不安がある。**母性とは違い、父性には、信頼度の問題があるということです。**

まず、母方祖母、母方祖父、この夫婦の娘、娘の産んだ子という系譜を考えまし

よう。

ここで、男にとって我が子が我が子ではないかもしれないという疑いが介入するのは、「母方祖父↓この夫婦の娘」という段階のみです。よって母方祖父には、この1か所に不安要素があります。

しかし、「母方祖母↓娘」、「娘↓子」という段階では、どこにも不安要素がありません。だから母方祖母にとって孫は、どの子も絶対に血がつながった存在ということになります。

では、父方祖母、父方祖父、この夫婦の息子、息子の子、という系譜ではどうか。

男にとって我が子が我が子ではないかもしれないという疑いが介入するのは、「父方祖父↓この夫婦の息子」、「息子↓子」、という2か所です。

このとき父方祖父にとっては、2か所連続して不安要素となりますが、父方祖母にとっては、自分が産んだ息子は間違いなく自分の子であるので、不安要素となるのは「息子↓子」という1か所のみです。

祖父母の不安要素

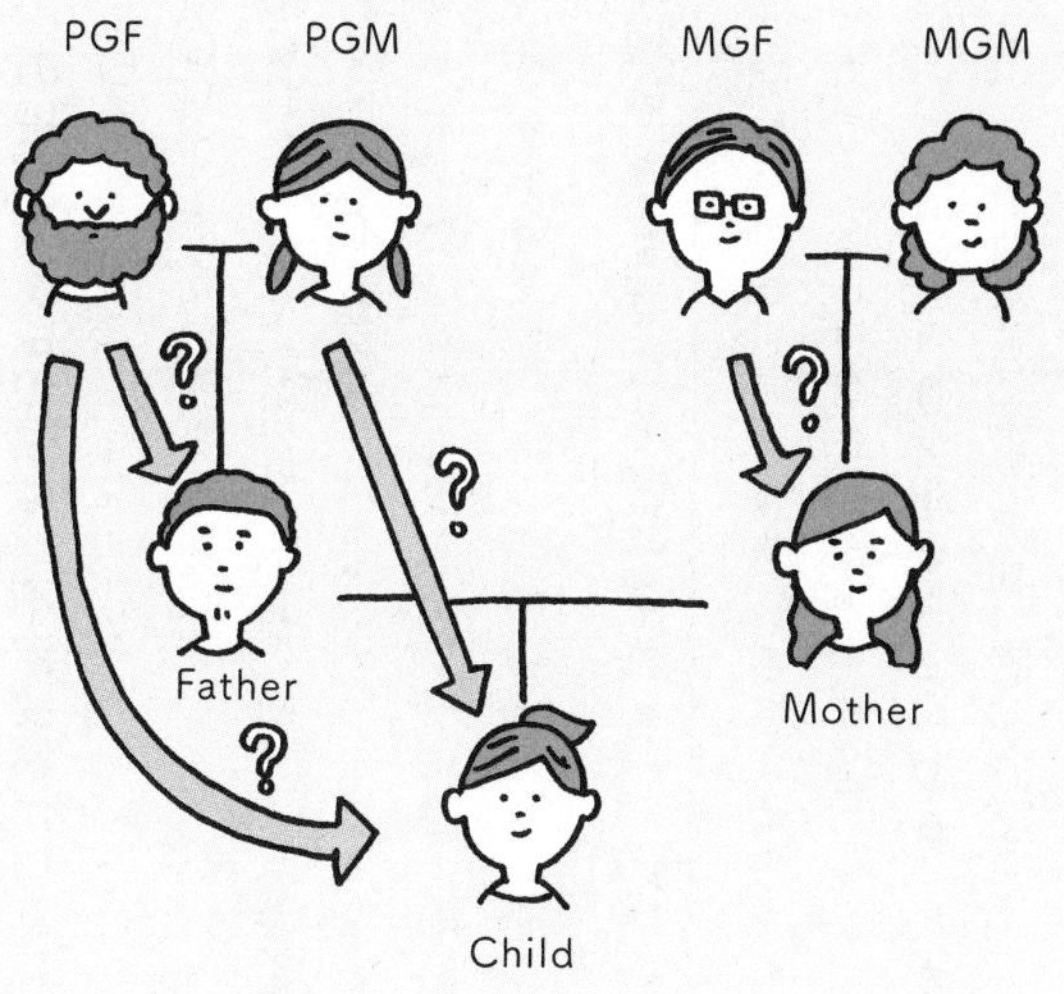

祖父母によって、
孫と自分の血縁関係に不安がある。

そんなわけで**孫への投資の多さの順は、不安要素がいかに少ないかによって決まってくるでしょう。**つまり、

①「母方祖母」（ＭＧＭ）不安要素なし
②「母方祖父」（ＭＧＦ）と「父方祖母」（ＰＧＭ）不安要素1か所
③「父方祖父」（ＰＧＦ）不安要素2か所

という順になるはずです。ただ、これはあくまで理論上の話なので、何らかの調査によって検証する必要があります。

血縁関係が信頼できる者こそ、愛される

この件について研究したのが、イギリス、ニューカッスル大学のＴ・Ｖ・ポレット（Ｐｏｌｌｅｔ）らで、２００７年のことです。

ただしデータについては、２００２年から２００４年にかけてオランダで行われた、大規模なインタビュー調査の結果を利用しています。合計８０００人以上の人々が参加し、インタビュー時の孫の年齢は０～15歳です。

ポレットらは、いかに孫に投資しているかという件について、孫との距離が離れても頻繁に会いに行っているか、ということを指標としました。会いに行くには、お金と時間がかかるからです。

その結果、母方の祖父母、特に祖母（ＭＧＭ）は、孫との距離がかなり離れていたとしても、それがほとんど障害にならず、非常に頻繁に会いに行く傾向がありました。父方の祖父母は孫との距離が離れるに従い、会うのがやや億劫になっていくのに対し、母方の祖母は距離をものともしないのです。

当然とも言えるでしょう。母方祖母にとって、孫は絶対に自分の血を引いているのだから。

もう少し細かく見ると、

ＭＧＭは、ＰＧＦよりも、またＰＧＭよりも、頻繁に孫に会いに行き、

ＭＧＦはＰＧＦよりも、頻繁に孫に会いに行っていました。

不安要素のまったくないＭＧＭが、不安要素が２か所のＰＧＦ、不安要素１か所

のＰＧＭよりも、会いに行くことに熱心。
不安要素１か所のＭＧＦが、不安要素２か所のＰＧＦよりも会いに行くことに熱心なのは当然なのです。

とはいえ、これは国土が狭く、都市化が進んでいるオランダでの話だからかもしれません。アメリカのような広い国では、いくら母方祖母であったとしても、たとえば西海岸から東海岸までしょっちゅう会いに行くなどということはないと思われ、当てはまらない可能性もあります。

ともあれ、お嫁さんの実家のお母さんがしょっちゅう孫に会いに来ていることを苦々（にがにが）しく思っているお姑さんも多いかと思いますが、このような背景があるということを知ってくださいね。

息子は母親似、娘は父親似？

父親に自分の子だと信じさせるための言葉

本題に入る前に、生まれたばかりの赤ちゃんに対して、よくこんなことが言われますよね。

「まあ、パパそっくり！」

一方、「まあ、ママそっくり！」という言葉はあまり聞かれない。

なぜこんな違いがあるのでしょう。それは、女が産んだ子は絶対に彼女の子どもですが、父親については「絶対」とは言い切れないからなのです。

そこで「まあ、パパそっくり！」という言葉が盛んに発せられるのですが、面白いことにこの言葉を発するのは、主に赤ちゃんの母親と、彼女の血縁者たち。**そう**

して無意識のうちに旦那さんとその血縁者たちに、旦那さんの子であると信じ込ませようとしているわけです。

赤ちゃんはまた、生後9か月くらいの頃に最も父親に似るようプログラムされていることもわかっています。父親に似ていれば、「うんうん、間違いなく俺の子だ」とせっせと世話をし、お金などの投資も惜しむことはないでしょう。

父親似の娘、母親似の息子

さて、ここからが本題。確かに男の子は母親似、女の子は父親似という傾向があります。どうしてなのでしょう?

男の子が母親に似る。1つの説明はこうです。

我々は22対の常染色体と、1組の性染色体を持っています。常染色体については、両親から半分ずつ受け継ぎますが、性染色体についてはそうではありません。

性染色体は男でXY、女でXXという状態で、Y染色体は男にしかありません。よって息子は父親のYを受け継ぎます。

そうすると、息子のXは完全に母親由来ということになります。このXですが、

母親似の息子と、父親似の娘

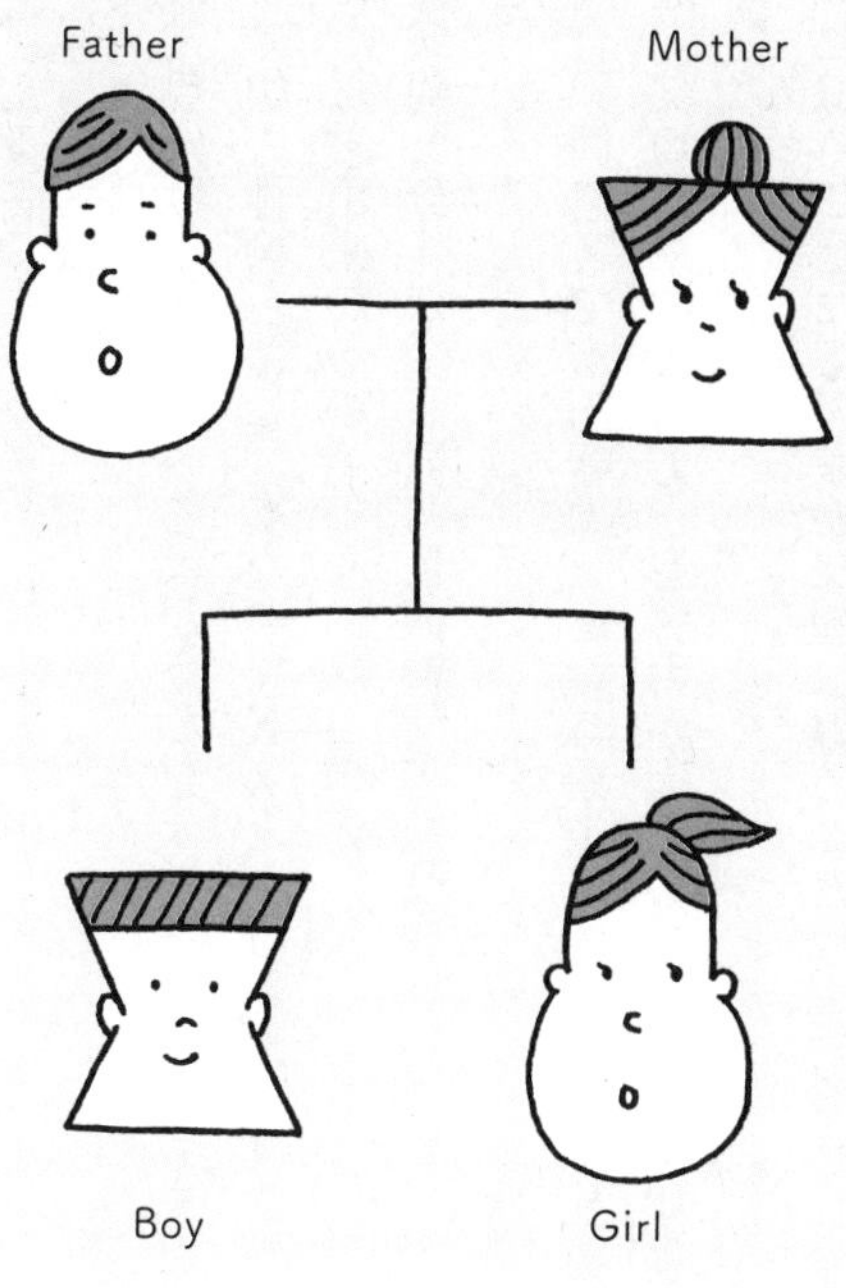

母親由来のX染色体を受け継ぐ息子と、
父親由来のX染色体を受け継ぐ娘。

かなり大きい染色体で、遺伝情報も満載です。その情報量満載のXを母親から受け継ぎ、父親からはまったく受け継いでいない。この点において、息子は母親に似る傾向があると言えるのです。

では、娘が父親に似る件についてはどうでしょう。ここでもまた、性染色体が関係するのです。娘の性染色体は、女なのでXXという状態です。Xはそれぞれ、父親由来のものと母親由来のもの。

このように父親と母親から、同じ量の遺伝子を受け継いでいる。それなのに父親に似るとはどういうことなのか。

実はこの場合、同じXでも影響力、というか遺伝子の発現の仕方に違いがあるのです。その際、父親由来のXの方が影響力が大きい。よって、娘は父親に似る傾向があると言えるのです。

息子が母親に似ることにも、娘が父親に似ることにも性染色体が関係していました。

年頃の娘が父親を嫌う件について

娘が父親を嫌うのは、当たり前のこと

女の子は幼いとき、「大人になったら、パパと結婚する」と言って父親を大喜びさせたりしますよね。

ところが年頃になると一転、「パパと同じ空気を吸うのも嫌だ」などと言って、父親たちを嘆（なげ）かせます。いったい幼い頃と年頃になってからとでは、何がどう違うのでしょう。

とはいえ、年頃になっても「パパが大好き。パパと結婚する」という気持ちでいたら、どうなるかと考えなければいけません。そうです、近親交配（近親相姦（そうかん））になってしまう可能性があるのです。

近親交配がなぜいけないかというと、倫理以前の問題として、大変な弊害が現れるからです。近親交配によってできた子は、奇形とか、ときには死に至るといった、よくない形質に関わる劣性（潜性）の遺伝子が、ペアとなる染色体の両方に揃ってしまい、その形質が実際に現れるという可能性が高いのです。

そもそも、よくない形質に関わる劣性の遺伝子については、持っていたとしてもペアとなっている染色体の一方の側しか持っていないはずで、その限りにおいて弊害は現れません。

ちなみに、劣性の遺伝子というのは、劣っているという意味ではなく、染色体の一方の側にあるだけなら実際の形質として表には現れないが、両方に存在すると形質が表に現れるという意味です。

しかし、近親交配をすると、何しろ血縁者同士であるので、同じ種類のよくない形質に関わる劣性の遺伝子を共通して持っている可能性が高い。そのため、子には両方の染色体にその遺伝子が存在する確率が高くなり、弊害が生じるというわけです。

もっとも、たいていの動物には近親交配にならない仕組みが存在します。大人になったら、オスまたはメスのどちらかが生まれ育った場所や集団から出ていくというものです。

人間も確かに結婚すれば、多くの場合、実家を離れることになりますが、問題は実際に生殖能力がありながら、まだ結婚せず、女が実家に留まっている場合。そのとき、父親のことが大好きであったなら、過ちが起きてしまうかもしれない。そのために父親を嫌いになり、避ける必要があるのです。

その避けたくなるための仕組みが、「同じ空気を吸いたくない」という言葉に示されているように、においの悪さ、臭さなのです。

娘が嫌う、父親のにおい

実は、女は相手選びの際に、免疫の型の一種であるＨＬＡ（ＭＨＣとも言うが、人間の場合にはＨＬＡと言うことが多い）の型が、自分と重なりが多いとにおいが悪い、ほとんど重なりがないとにおいがよいと感じます。これは月経周期のうちの排卵期という子どもができやすい期間に起きる現象です（だからまだ月経の始まっていない幼い頃には、こういう現象はありえません）。

HLAとは、細胞の表面にある免疫的旗印のことですが、免疫という言葉の本質である、自己と他者を区別するという役割を持つために、臓器移植の際に、型が合う、合わないと問題になるのです。さらには、HLAは非常に近いところにある6つの遺伝子座から成りますが（つまり6つの遺伝子はセットとなっているのです）、臓器移植や相手選びの研究ではこのうちの3つの型を重視することになっています。

ともあれHLAは免疫の型。自己と他者を区別し、主に病原体と戦うための型です。よって子どもにはなるべく型のバリエーションをつける方が、これらの戦いにおいて有利になります。

その際、相手の型との間に重複があると、子はその型を、文字通り重複して持ってしまう可能性があります。すると型のバリエーションが少なくなってしまいます。

そんな事情から、HLAの型があまり重複していない相手のにおいはよく感じられ、重複の多い相手のにおいは臭いと感じられるという感覚が女において進化したのです。

父は娘に嫌われるもの

年頃の娘が父親のにおいを嫌うのは、
本当の親子である証拠。

ここで肝心なのは、**親と子のＨＬＡの型は、必ず半分一致しているということです。**たとえば父親が持っている６つの遺伝子座のセットがＡとＢ、母親の場合にはＣとＤであると仮に名づけましょう。すると子は、ＡとＣ、ＡとＤ、ＢとＣ、ＢとＤ、のいずれかの組み合わせで持つことになります。よく見てください。どんな組み合わせであったとしても、親とは必ず半分が一致するのです。

父親とＨＬＡの型が半分も一致する娘にとっては、父親のにおいは、よいとは感じられないはずです。「同じ空気を吸うのも嫌だ」と言うのも当然。しかし、こうすることで近親交配という非常に重大な問題が回避されることになるわけなのです。

しかも、父由来のＨＬＡ遺伝子が嗅ぎ分けの能力に関わっていることがわかりました。よって娘は父をますます臭いと感ずるわけです。

世の父親の皆さん、娘に嫌われたと嘆く必要はありません。それは娘さんがあなたの実の子であり、ＨＬＡの型が半分一致するからこそ起こる現象なのです。

もし娘さんがあなたのにおいを嫌わなかったら……それは実の子ではないからかもしれません。

第3の部屋

印象

審判さえも騙される、赤色の効果

特別な色

皆さん、何か1つだけ、これは特別だと思われる色を挙げよと言われたら、何を選びますか？　私の予想では、かなり多くの方が赤と答えるのではないかと思います。

それは1つには赤が血の色であり、唇や頬などが赤みを帯びていることが血流がよいことを示すからだと思いますが、もう1つ重要な意味があります。その点について、こんな研究があるのです。

赤のユニフォームや防具をつけていると、試合に勝ちやすい。

２００４年のアテネ五輪の際、イギリス、ダラム大学のＲ・ヒル（Ｈｉｌｌ）らは次の４種目に注目しました。

ボクシング、テコンドー、レスリングのグレコローマン・スタイル（上半身のみで戦うスタイル）とフリー・スタイル。いずれも、赤か青のユニフォームや防具を身に着けて戦います。

すると、対戦相手との実力の差が大きい場合には関係がないのですが、相手との実力が伯仲（はくちゅう）しているときには、赤か青かによって試合結果に多大な影響が現れました。

４種を平均すると、赤の勝率が62％であるのに対し、青は38％。赤は青をはるかに凌ぐ勝率なのです。

なぜこれほどまでに大きな差となってしまうのでしょう？

考えられるのは、**赤のユニフォームや防具を見た方、つまり青はビビる。そして赤を身に着けた方は、自分が強くなった気分になり、自信たっぷりに戦うのではないかということです。**

動物界でも強さを表す「赤」

実は、動物界には繁殖の時期にオスの体が赤くなり、赤ければ赤いほどオスとして優位に立つし、メスにモテるという例があります。トゲウオのオスは繁殖期になると腹が赤くなるし、キンカチョウのオスもクチバシが赤くなる。

これは男性ホルモンのテストステロンの作用によるものです。

このようなことから人間の男が赤を身にまとうと、対戦者は相手のテストステロンのレベルがとても高くて強そうに見え、ビビってしまう。赤を身に着けた方は勘違いして、自分が強くなったような気分になるのでしょう。

審判は「赤」を有利にしやすい？

実は、この話にはまだ続きがあって、赤は試合を採点する審判の目をごまかしていて、よい採点をしてもらえるから勝ちやすいのではないかというのです。

研究をしたのは、先ほどとは別で、ドイツ、ヴェストファーレン・ヴィルヘルム大学のN・ハーゲマン（Hagemann）らのグループです。

彼らはテコンドーのベテラン審判、42人に対し、実力が伯仲している男性の選手の試合の動画を見せ、採点してもらいました。

すると、赤の選手が優勢であるという採点の傾向が出ました。ここまでは予想の範囲内です。

彼らの研究が素晴らしいのは、先ほどの動画に画像処理を施し、赤を青に、青を赤に差し替えたこと。つまり、先ほどとまったく同じ試合展開をしている2人の選手が、ユニフォームや防具についてだけ色を変えられるのです。

そうして採点してもらうと、どうなったか。

何と、青から赤へと変わった選手の採点が先ほどよりよくなり、赤から青へと変わった選手では採点が悪くなりました。

恐るべし、赤の効果！

赤は女を魅力的に見せる？

女にとっての赤色

赤という色を身にまとうと、男にとっては強そうに見えるとか、相手をビビらせる効果がありました。では、女ではどうなのでしょう。

まず、こんな研究があります。西アフリカにはブルキナファソという国があります。マリの南、ニジェールの西、ガーナの北に位置する内陸の国なのですが、アメリカ、ロチェスター大学のA・J・エリオット（Ｅｌｌｉｏｔ）らは敢えてこの国の人々を研究対象に選びました。首都を離れた田舎では今でも電気も水道も通っていない地域が多く、ほとんどの人は農業に携わっており、宗教も土着のもので西洋文明の影響を受けていない。そういう条件のもとで色による効果はどうなるのか、調べてみようとしたわけです。実験に参加した人への謝礼は袋いっぱいの米です。

集められた男性、42人（18〜30歳）は、21人ずつの2つのグループに分けられました。1つのグループは西アフリカの1人の女性のモノクロの顔写真を赤い枠で囲んだ写真を、もう1つのグループは同じ写真を青い枠で囲んだ写真を見せられ、その写真に写る人物の魅力について1から5までの評価を下すよう求められます（数字や文字が読めない人の場合は5段階の大きさの丸のどれかを示し、答える）。

とはいえ、写真の提示時間はたった5秒間なので、皆、顔を見ることに必死で、枠の色にはほとんど注意を向けることはないはずです。

ところが枠の色が赤か青かで、顔の魅力の判定に違いが現れました。赤枠グループの魅力の平均が4・62であるのに対し、青枠グループでは4・14。**どうも色の効果は無意識のうちに出ていて、赤に囲まれた顔写真はより魅力的に見えるようなのです。**

女らしさの象徴

そもそも女自身にとって赤い色はどういう意味を持つのでしょう。

実は、女は月経周期のうちの一番妊娠しやすい排卵期に血流がよくなり、唇など、皮膚の柔らかい部分がより膨らみ、赤みを増すのです。だからこそ、赤い枠で囲まれた女性の写真を魅力的と感ずるような心理が男に備わったのでしょう。しかもそれは文化とは無関係であることが確認されたのです。

この血流を促すのが女性ホルモンのエストロゲンであり、排卵期にはエストロゲンのレベルが最も高くなっているという次第です。


また排卵期には性的に興奮しやすくなっていて、そのために唇などの血流が増し、膨らみやすく、赤みが増すという事情もあります。

こうして女は自分が排卵期にあるということを、唇などの赤みや膨らみによって示すわけですが、なんと服などの人工的なものによっても、無意識のうちに示していることがわかりました。

女は排卵期を赤でアピールする

カナダ、ブリティッシュコロンビア大学のA・T・ビール（Ｂｅａｌｌ）らは、インターネットによる募集で１００人の一般女性を、そして24人のこの大学の女子学生を集めました。まだ閉経していない人々です。

前者をグループA、後者をグループBとします。そして、月経周期を28日、月経が始まった日を第1日とした場合の、6日から14日までを排卵期とし、各人がこれを基準にして自分の周期を補正し、自分が排卵期にあるかどうかを判断します。

そうして今どんな色の服を着ていますか、という質問をすると、赤またはピンクの服を着ている場合には、グループAでは76％が、グループBでは80％が、今まさに排卵期にあるという返答でした。

赤やピンクの服を着ていたら、十中八九とはいかないものの、それに近い確率で排卵期にあるのです。

片や、赤やピンク以外の色の服を着ていて排卵期にあるのは、グループAで42％、グループBで32％という結果でした。

女は無意識のうちに、排卵期にあることを服という人工のものによってもアピールしてしまうようです。ハンカチやスカーフのような小物の色も、同じ理由で赤やピンクを選ぶことが多いのでしょう。

ニュージーランドのオールブラックス、マフィアの黒づくめの服など、黒は怖い？

黒は暴力的に見える？

ラグビー最強国とされるニュージーランド。その全身真っ黒のユニフォームから、ニュージーランド代表チームはオールブラックスとも呼ばれています。

黒づくめの服というとマフィアや暴走族を思い出すし、とにかく怖い、攻撃的であるという印象があります。

こうした黒の持つ効果について研究したのは、アメリカ、ニューヨーク州、コーネル大学の、M・G・フランク（Frank）とT・ギロヴィッチ（Gilovich）で1988年のこと。

彼らはアメリカのプロフットボール（アメリカンフットボール）、28チームとプロアイスホッケーのチーム、21チームのユニフォームの色と、過去15年間に選手たちが反則によるペナルティーをどのくらい受けているかを調べました。すると、**ユニフォームが黒いチームは他の色のチームよりも、よくペナルティーを受ける傾向があったのです。**

その後、彼らとは別の研究者たちがアイスホッケーのチームに絞り、もう少し期間を長くして調べたところ、黒いユニフォームのチームがペナルティーを受ける率が高いのは、ひじ打ちやフェンスへの押しつけなどの危険行為についてのみだということがわかりました。他の、暴力的ではない反則行為については他チームと違いはないのです。

黒を身につけると、粗っぽくなる

そうすると、黒いユニフォームを着ると人は攻撃的、暴力的になりがちなため、反則によるペナルティーを受けやすくなるのでしょうか？

それとも、赤のユニフォームの場合と同様に、黒いユニフォームを着ていると審判には暴力的であると感じられ、より多くのペナルティーが科(か)されてしまうのか？

まずは前者についてフランクとギロヴィッチは、こんな工夫を凝らすことによって検証しました。

学生を3人1組にし、他のチームと何らかのゲームで対戦することを告げます。

その際、各チームは白または黒のユニフォームを着せられていて（それはチームとしての一体感を高めるためだと、ウソの説明がされている）、全部で12種のゲームのうちから5つ選ぶよう指示されます。ゲームには騎馬戦のような体を張った非常に攻撃的なものもあれば、ブロック積みのように他者との接触すらないものまであります。

各人は別個に5つのゲームを選び、最終的には3人で相談のうえ、5つに絞り込みます。

するとやはり、黒いユニフォームを着たチームはより攻撃的なゲームを選ぶ傾向がありました。**黒いユニフォームを着ることで攻撃性が高まり、攻撃的な争いをし**

ても勝てるような気持ちになるようです。

勘違いされてしまう黒い服

では後者の、黒だと審判に暴力的に感じられてしまうのではないかという件については どうなのか？　例によって動画に画像処理を施すのかと思いきや、残念ながら1988年にはまだそういう技術がなく、こんな策がとられました。フットボールの試合の様子を短い動画に撮るのですが、あらかじめ脚本があり、選手たちにはその指示通りに動いてもらいます。

この脚本の下、守備の側が白いユニフォームの場合と黒いユニフォームの場合の2本の動画をつくります。片や攻撃の側のユニフォームは2回とも赤で、もちろんいずれの場合にも同じ動きをします。

そうして審判と学生に動画を見せ、守備の側にどれくらいペナルティーを科すべきかと問うたところ、黒いユニフォームを着ている場合の方がより多くのペナルティーが科せられる結果となりました。まったく同じ動きをしているにもかかわらず、黒いユニフォームを着ていると、より乱暴で攻撃的な動きをしているように見えてしまうのです。

人は黒いユニフォームを着るとより攻撃的になるだけでなく、実際の攻撃性以上のインパクトを他者に与えるようです。

舐（な）められたくなかったら、とりあえず黒いユニフォームを着ましょう。でも、暴力的だと誤解され、余計なペナルティーを科せられる危険もあるので、難しいところです。

人間はいつから美を理解できるのか？

人は生まれながらにして、美人を判別できる

人間が美を理解するには、実際に文化などに触れて学習する必要があり、3〜4歳になってようやくわかるようになる、とかつては考えられてきました。

その〝常識〟を覆した研究の1つが、1987年に行われた、アメリカ、テキサス大学のジュディス・ラングロワ（Langlois）らによるものです。

彼女たちは、生後3か月と6か月の赤ちゃんに、「あらかじめ魅力的であると判定された女性の写真と、魅力的でないと判定された女性の写真の組み合わせで」写真を見せ、どちらをより長く見つめているかを調べました。この、魅力的かどうか

は、あらかじめ大人たちに判断させています。ちなみに左右の位置の好みもあるかもしれないので、そういうことも配慮しています。

すると**赤ちゃんたちは、大人たちがより魅力的だとした方の女性をより長く見つめていました。この歳にして既に美の判断を誤ることがないのです。**

まだ家族や親戚の顔くらいしか知らず、社会とも関わりを持たない、こんなにも早い時期にもう美を理解できるというのは、学習によるものではないでしょう。**美を判断する能力とは、人間が生まれながらに持っている性質なのだろうということになります。**

赤ちゃんは美しい人、可愛い人形と遊びたい

この研究は、赤ちゃんでも美人かどうかがわかるという例として結構有名です。そこでここではラングロワらが引き続き行った、赤ちゃんが美しい顔とそうではない顔に対してどう振る舞うのかという研究を紹介しましょう。こういう社会的な行動をとることは3か月、6か月の赤ちゃんでは無理で、12か月くらいから見られます。よって12か月の赤ちゃんで実験しています。

まずは、「仮面バージョン」。

あるとても魅力的な顔の女性について、彼女の顔そのものをトレースしてつくった、極めて薄いラテックス製の仮面（魅力的な仮面）、そして彼女の顔よりも目を細くし、眉の位置を低くし、鼻を短くした仮面（不細工な仮面）、の2種類の仮面をつくります。

仮面をつけるというと、それだけでも違和感を覚え、子どもだったら泣き出してしまうのではないかと思いますが、この仮面はとても自然な仕上がりであり、むしろリアルで生き生きとして見え、そういう心配は必要ないとのことです。

そして女性本人には、今どちらの仮面をつけているかわからないようにします。どちらをつけているかわかると、行動にも違いが現れるかもしれないからです。

子も、魅力的な仮面をつけた見知らぬ女に出会うグループと、不細工な仮面をつけた見知らぬ女に出会うグループとにほぼ均等に振り分けられます。

さてここからが実験で、部屋全体と子の表情を捉える、2台のビデオカメラによって様子が録画されます。

赤ちゃんとその母親は、イスが2つとテーブル、床におもちゃが置いてある部屋に入り、しばし母親と子でおもちゃで遊びます。子が満足したところで母親はイスへ移動。子は引き続き遊んでいますが、そこへ仮面をかぶった見知らぬ女が登場。母親と子に挨拶（あいさつ）した後、もう1つのイスに座り、母親と会話した後、子と1分間、あらかじめ書かれた台本通りの会話をします。

さらに彼女は床に移動し、子とおもちゃで3分間遊びます。これが見知らぬ仮面の女と子が初めて濃密に接する場面です。

この後壁にかけてある、おもちゃの入ったポケットからおもちゃを取り出し、いっしょに遊ぶなどという過程もありますが、子を床で遊ばせ、自身もイスに座ることで一連の実験が終了となります。

そして、ビデオに記録された子の言動や表情から、次の4つの要素について分析しました。

①子の情緒的な声の調子

②仮面の女といっしょに遊ぶ
③仮面の女に抵抗する
④仮面の女から逃げたがる

すると、子は魅力的な仮面をつけた女とは、ポジティブな声の調子で話し、よりよく遊びましたが、不細工な仮面をつけた女に対しては抵抗しがちで、逃げたがる傾向にありました。

こうして12か月の子は、美しい顔に対しては積極的に接するが、不細工な顔に対しては避けようとするという、行動面においてもわかりやすい差が現れる結果となりました。

ラングロワたちは続いて、人形を使った実験もしました。仮面バージョンに参加した後、疲れなかった子、ストレスを感じていない子は人形バージョンにも参加するよう要請され、参加者の半分くらいは仮面バージョンを経験している子です。

人形は布でできていますが、顔は子どもの顔で、やはり「可愛い顔とあまり可愛くない顔と分類された顔」の2種類があります。

子はイスに座り、テーブルの上には2種類の人形が置いてあります。そして人形に手を伸ばし、抱いたりして遊んでいた時間を観察者がストップウォッチで測るのですが、子がいらいらしたり、嫌がったりした時点で終了。そうでない場合は最長5分で打ち切りとしました。

ちなみに生後12か月というのは社会的な行動をとり始めて間もない時期なので、イスに座って1分が過ぎてもなお人形に手を伸ばさないという子も結構いました。そういう子はカウントされていません。

ともかくそうすると、可愛い顔の人形と遊んでいた時間の平均が98秒であるのに対し、可愛くない人形の場合には71秒。人形という、人工的な存在に対しても美を重要視するというわけです。

どうしたら第一印象をよくすることができるのか？

第一印象をよくする方法

自分の第一印象をよくするには、どうしたらよいか。普通言われているのは、こんなことでしょう。

相手の目を見て話し、自然な笑顔を絶やさない。表情を豊かにし、ちょっと早口で話す。身だしなみに注意する。服装は清潔で、襟や袖口の汚れがないように。つめや歯を清潔に、男性ならヒゲもきれいに剃る。髪型も乱れのないように。靴はよく手入れされており、女性ならアクセサリーはシンプルで品のよいものをつける、などといったこと。

これらは当然の知識として、ビジネスなど、人と関わる仕事に就いている方なら知っておられるでしょう。そこでここでは、中級編というべきか、ちょっと裏技的に第一印象をよくする方法を提案しようと思います。

甘いもの好きに、悪い人はいない？

それはカフェなど、温かい飲み物や甘いお菓子を注文できる状況にあれば可能です。**自分が甘いお菓子を注文し、食べる。あるいは相手が温かい飲み物を注文して、カップを持ち、飲む。すると相手が自分を「温かい人、親切な人だ」という、よい印象を持ってくれるのです。**

まず、甘いものの効果についてこんな研究があります。

アメリカ、ゲティスバーグ大学のＢ・Ｐ・メイアー（Ｍｅｉｅｒ）らは２０１２年、90人の学生（うち男子は33人）に対し、見知らぬ人物のモノクロ写真をそれぞれ１・５秒というかなり短い時間、見せていきました。

その際、人物の写真とともに「Ｉ　ｌｉｋｅ　〇〇」という一文も見せます。

○○に入るのは、甘いもの（たとえばハニー）、苦いもの（たとえばグレープフルーツ）、酸っぱいもの（たとえばレモン）、辛いもの（たとえばペッパー）、塩辛いもの（たとえばプレッツェル）という5種類の味について、合計で45のアイテムです。各アイテムが好きだという一文は男女両方の写真に添えられるので、写真は全部で90枚となります。

90人の学生たちは、写真の人物の協調性（親切、温和など）、外向性、神経質という項目について、1から6までの6段階を下すよう求められます。

すると、「甘いもの好き」アピールをした人物の、協調性の平均のスコアが3・81、外向性は3・37、神経質は2・99となり、協調性が突出して高い値を示しました。他の味については、そのような違いはありませんでした。

このように、**この人は甘いものが好きなのだなあと思うと、自ずと彼（彼女）は親切な人、穏やかな人だと感じてしまう傾向があるのです。**こうしてまず、甘いものが好きだというアピールを通じて、自分の第一印象をよくすることができます。

温かい飲み物を持たせると

甘いものと似た効果を持つのが、温かいものです。まず温かいものを持つと、人のことを温かく、親切な人であるとみなしがちになる件。

アメリカ、エール大学のJ・バージ（Bargh）らはこの大学の41人の学生（女子学生は27人）に対し、2つの条件を与えました。

まず1階に待機している学生を、4階の研究室に1人ずつエレベーターに乗せて呼び出すのですが、その際、若い女性アシスタントが同乗し、「あなたの名前や参加時刻などのデータを書き入れたいのだけれど、今、手がふさがっているの。これ持ってくれない？」と言って、ホットコーヒーまたはアイスコーヒーのカップを持たせます。

エレベーターが4階についたところで「ありがとう」とコーヒーのカップを回収するのですが、この間はたったの10〜25秒です。ホットを渡すかアイスを渡すかは、ほぼ同数になるよう調整します。

そして被験者は研究室で、架空の人物Aについて、知性があってスキルフルであるなどと説明された後、それではAさんは次の性質について1から7までのどれくらいの評価ができるだろうかと問われます。

性質の半分は温かさ／冷たさに関係するもの、つまり優しい、幸せそう、穏やか、社交的、親切。もう半分は温かさ／冷たさには関係しないもの、つまり魅力的、呑気、おしゃべり、強い、正直です。

するとホットコーヒーを持ったグループでは温かさ／冷たさに関係する性質の平均のスコアが4・71であるのに対し、アイスコーヒーを持ったグループは4・25と、統計的に差がありました。

温かさ／冷たさが関係しない性質については、ホットとアイスのグループで差がありませんでした。

温かいものにほんの短時間触れただけで、これほどまでに架空の人物を（ということは初対面の人も）優しく、親切だと思わせる効果があるのです。ただし、効果は一時的で長続きはしません。

ファーストコンタクトは、カフェがおすすめ？

甘いものと、温かい飲み物。
第一印象は、案外簡単によくすることができる。

ここで紹介した、甘いもの、温かい飲み物が第一印象をよくするために使えるのは、カフェなどで初対面を果たしたときです。会議室などではなかなか難しいのでご注意を。

人の印象を悪くする決定的な要因は？

不潔なものに対して、人は厳しくなる

人によい印象を持ってもらうためには、とにかく清潔を心掛けなさい、などと言います。服装はもちろんのこと、体も清潔で、つめが汚れているとか、歯磨きをしていないなどもっての外です。

でも、ふと疑問に思いませんか。清潔なら好印象だけれど、なぜ不潔がそんなにも嫌われるのか。当たり前のことだけれど、よく考えるとわからない。その真相に迫るために、こんな研究があるので紹介します。

モラルジャッジメントなるものがあります。いろいろなモラルに反する場面の描写に対し、どれほどモラルに反するのかを判定するのです。

アメリカ、ニューヨーク市立大学のK・J・エスキン（Eskine）らは学生を3つのグループに分けました。

甘い味を味わうグループ（18人）、苦い味を味わうグループ（15人）、水を味わうグループ（21人、比較のための対照群）です。

甘い味はミニッツメイドベリーパンチで、苦い味はスウェディッシュ・ビター（様々なハーブの入った強壮剤）です。それぞれをモラルジャッジメントを始める前と途中でティースプーン一杯分を味わいます。まさに味わうだけでごくごくと飲むわけではありません。

モラルジャッジメントはこの場合、次の6場面についてです。

①又イトコと合意の上でインセスト（近親相姦）を冒す
②死んだ飼いイヌを食べる男
③賄賂を受け取る下院議員
④獲物を狙って病院内をうろつく弁護士
⑤万引きをしている男
⑥図書館の本を盗んでいる学生

かなりとんでもないものから、軽い犯罪までいろいろですが、どれくらいモラルに反するかについては、何段階かの評価を下すのではなく、14センチの定規を渡します。この定規に、これくらいモラルに反するという印をつけさせ、それを実験者が0から100までのスコアに変換するのです。6種のモラルジャッジメントを総合すると、各グループの0から100までの評価の平均は次のようになりました。

苦い味のグループ　78・34
甘い味のグループ　61・58
水（コントロール）のグループ　59・58

甘い味のグループと水のグループとでは、統計的な差はありません。そして苦い味のグループでは、他の2つのグループと統計的に有意な差がありました。苦い味を味わうと、同じ場面の描写であっても、モラルジャッジメントは厳しくなるのです。

これは苦い味を味わった場合の話ですが、不潔感を抱いたときにも同様にモラルジャッジメントは厳しくなります。

不潔な格好、不快なにおいの何がいけないかと言うと、まずはこんなふうに相手が自分をより厳しい目で見て、同じことをしてもより厳しく判断されてしまうからなのです。

体の不快感は、危険の表れ

では、なぜ我々は、不潔な格好や不快なにおいや味といった、体の不快さと、モラルの不快さとが対応するようになったのでしょう。

まず、臭いとか苦い味がするというのは、腐った食べ物や病原体から発せられる信号。よって身を守るための感情として、体の不快感が進化したのでしょう。

体の不快感がその後、どうやってモラルジャッジメントのような、個人ではなく社会的な問題の判断にまで拡張していったのかは、不明です。しかし少なくとも脳において、体の不快感についての領域とモラルの不快感の領域とが、一部で重なっていることがわかっています。前頭皮質または前頭葉においてです。

どういう過程を通じてかはよくわからないものの、既に脳においてはつながっている。この点を理解すれば、不潔な格好がいかにその人物の印象を損ねるか、清潔な格好が印象をよくするかということがまさに皮膚感覚として納得できるのではないでしょうか。

ちなみに苦いものだけでなく、オーガニック食品もモラルジャッジメントを厳しくする性質があるのでご用心を。

どうしてウソをついてはいけないのか？

ウソをつくと自分に返ってくる

子どもの頃から、親や幼稚園、学校の先生などに繰り返し言われてきました。

「ウソをついてはいけません」

そうか……ウソをついてはいけないんだとは思うものの、では、なぜウソをついてはいけないのか、ということになると、誰一人としてその理由をはっきりとは説明してくれませんでした。

ともかく、いけないことはいけないんだ、と。

でも、大人になって、特に大学院で動物行動学を学ぶようになって、ピンときました。

それは、なぜ人を殺してはいけないのか、とよく似た論理ではないだろうか。

人を殺すと、必ずその人の親族が恨みを抱く。現代ではまずありえないが、殺された者の仇(かたき)を討つということで自分も殺されるかもしれない。だから人を殺してはいけないのだ。何もきれいごとを言っているのではない。自分の身を守る手段として「人を殺してはいけない」と言っているだけなのだ。

ウソをついてはいけないという件についても同様で、**ウソをつかないことが最終的には身を守ることにつながる。**だからこそ、親や先生が小さな子どもに諭(さと)すというわけなのでしょう。

ウソで失うもの

ウソをついた結果の一番まずいケース。それはウソがバレた場合です。その代償はあまりにも大きい。最悪の場合、一生をかけても信頼を取り戻すことは不可能でしょう。学歴と経歴を偽った某経営コンサルタントがこの先、その職業でお呼びがかかるとは到底考えられません。

ただ、ウソをつかないことが自分の身を守ることになるのは、周りの人間も同様にウソをつかない場合であることも知っておくべきです。

極端な話になりますが、全員がウソつきの集団の中に1人だけウソをつかない人間が混じっていると、その人物はひたすらカモにされます。

ウソも方便のウソや、人を傷つけまいとしてつくウソ、優しいウソについては別の問題なので、使い分けてくださいね。

ウソをついた結果

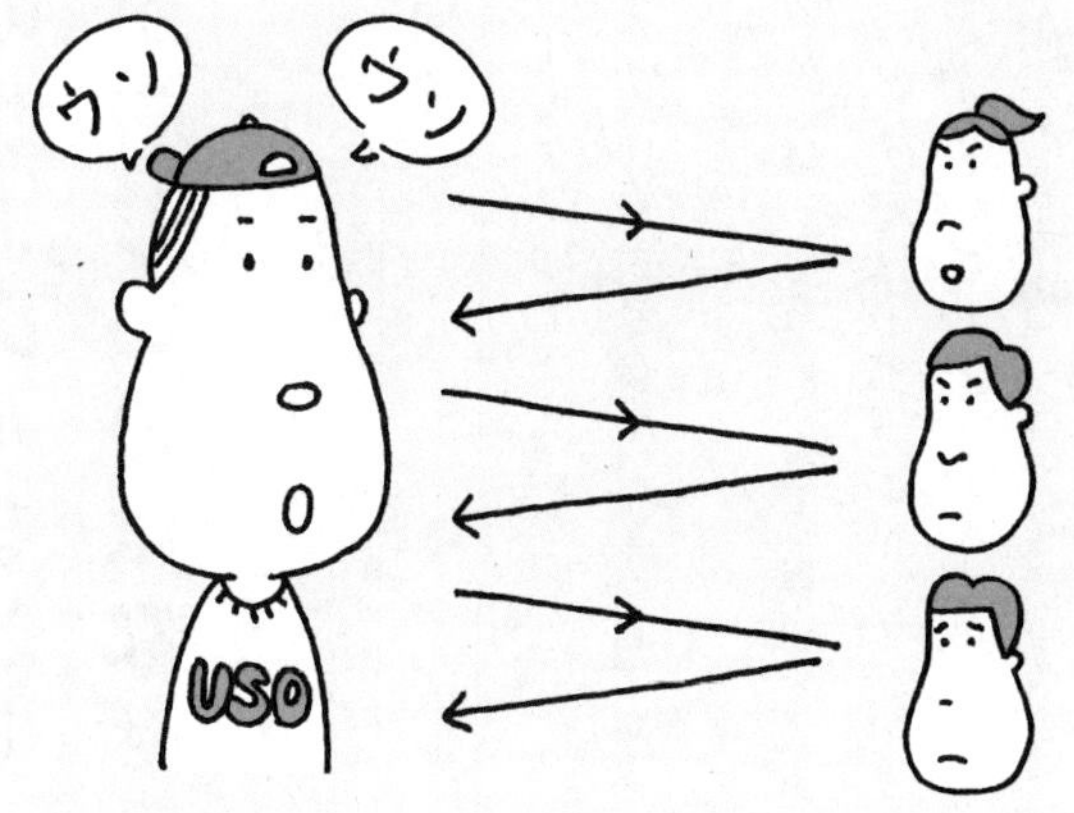

ついたウソは、自分に返ってくる。
よく考えて使い分けなければならない。

体育会系のサークルなどで、上下関係が厳しいのはなぜ？

体育会系の上下関係

いわゆる体育会系のサークルは上下関係が厳しくて、まるで軍隊みたい。後輩は先輩に絶対服従であり、挨拶も大きな声でするし、座っていたならわざわざ立ってまでする。

片や文化系のサークルでは、そういうことはほとんどない。後輩が先輩にため口をきくこともあるし、座ったまま挨拶することなど当たり前である……。

私はそれぞれの雰囲気（ふんいき）の違いについて体験したことがあるのでよくわかるのですが、「なぜ、そうなのか」と考えたことは今までありませんでした。

そこでまず、体育会系のサークルのメンバーと文化系サークルのメンバーの違いはどこにあるか、考えてみましょう。

体育会系サークルには、スポーツに少なからず自信のある人々が集まっているという特徴があります。当たり前です。

しかしそうすると、**体育会系のサークルには、身体能力が高く、筋肉が発達しており、攻撃性も高いなど、男性ホルモンの代表格であるテストステロンのレベルが普通よりも高い人々（それは男性とは限りません。女性でも、女にしてはテストステロンのレベルが高い人々）が集まっていると言えるのではないでしょうか。**

とすれば、体育会系サークルの、特に男のメンバーは、そもそも攻撃性が高く、加えて力によるケンカにも自信があるはずです。要はやんちゃな人々というわけです。

もし、上下関係がなくなったら

こういう集団で、厳しい上下関係がなく、皆が対等な関係にあったら、どういうことになるのか。

そのときこそ、力と力のぶつかりあいが発生するでしょう。メンバーはケンカに明け暮れる。しかしながらそういう争いがしばらく続くと、誰は誰に勝てるが、誰には勝てないという実力のほどが判明します。そうしてケンカの強さに基づく順位というものができあがるでしょう。この順位がいったん確定すれば、もはや争いは起こらなくなるはずです。

そのようなわけで体育会系のサークルで先輩、後輩という厳しい上下関係があるのは、実はとても重要なことなのです。**腕っぷしが強く、ともすればケンカによって順位をつけがちな、やんちゃな人々に、まずは厳しい上下関係を強要する。そうしてメンバーたちに無駄な争いが起こらぬための対策を講じているのではないでしょうか。**

年齢が少しばかり上だからというだけで順位が上だなんて納得できないと、不満に思う方もおられるでしょう。しかしどれだけ理不尽な理由であったとしても、とにかく順位があるということが重要で、順位がない方がむしろ恐ろしいのです。

上下関係が必要なわけ

体育会系特有の厳しい上下関係は、
メンバー間の争いを防ぐために必要なもの。

ニワトリの社会にある順位

この件については、ニワトリの順位が参考になります。野生のニワトリは1羽のオスが数羽のメスを従え、ハレムをつくっています。このメスたちには実は一直線の順位があるのですが、それはあらかじめ争った結果、決まったものです。しかしそうした順位ができあがるまでには、壮絶な戦いが展開されます。

2羽のメスが対峙(たいじ)している。どちらも頬をみるみる紅潮させていき、首の周りの毛や尾を逆立て、翼もぴんと伸ばし、体を大きく見せる。そんな極限状態にありながら、さらにはぴょんぴょんと跳びはね、くちばしで相手の頭、とさか、肉垂(にくすい)(あごの下のとさかに似た部分)に咬みつくこともあります。

かくも壮絶な戦いの後、負けを悟った方はそそくさと退散します。彼女の頬の赤らみはたちまち消えて青ざめ、広げていた羽も急速にしぼんでしまいます。片や勝った方は、なかなか興奮が冷めないようで、しばらくは頬も赤く、羽もひろがったままなのです。

メスたちはこのような戦いを総当たり戦で行います。一度やったら、二度とはごめんだというくらいの消耗戦……。実際、実力をつけてきて、今戦ったなら高い順位を得られるのに、と思われるメスでさえクーデターを企てることはありません。彼女にとってもう一度争うことは、得るものよりも失うものの方が大きいのです。

ニワトリではハレムの主になれていない、あぶれオスたちも集団をつくっており、そこでもメスたちと同じような順位があります。順位を決めるための争いも壮絶を極めます。

結局、平和とは順位があるときに訪れ、順位がなく、平等であるときには争いが勃発する。これが動物たちの行動から導かれる、皮肉な結論となります。

体育会系のサークルで、もし先輩、後輩という厳しい上下関係がなかったら、まずはサークル自体が争いの場と化し、サークル活動どころではなくなってしまうことでしょう。

第4の部屋

体

マッサージが気持ちいいわけ

マッサージが持つ力

肩や腰、腕や脚などをマッサージしてもらうと、凝りがほぐれ、血行がよくなります。疲れがとれて、気持ちがよくなるのは当然です。

でも、あの気持ちのよさは、他では味わえない、何か特別なものなのではないかと思いませんか？

実を言うと**マッサージのときには、オキシトシンという、愛着を抱き、絆を築き、癒しや幸福感をもたらすホルモンが脳から分泌され、特別な快感が得られるのです。**オキシトシンは血流に乗って全身を回ると同時に、脳内にも放たれて神経伝達物質として働きます。

オキシトシンはそもそも、陣痛促進作用、つまり子宮を収縮させる作用がある物質として発見されました。これが1905年のこと。

そのとき同時に、母乳を分泌させる作用があることもわかりました。

こんなふうに出産や母乳の分泌といった女性ならではの行為に関係したホルモンとして発見され、実際女性ホルモンのエストロゲンとセットになって働きを発揮するオキシトシンですが、女性限定というわけではありません。男性でも分泌され、その働きを発揮します。女性ほどレベルは高くないものの、男性でも女性ホルモンを分泌するのだから。

触れることで発生するオキシトシン

オキシトシンが分泌される状況は実にいくつもありますが、その1つが体と体が強く接触し、刺激を受けたとき。

つまりマッサージとは、マッサージ師さんと自分の体が強く接触し、刺激を受けるということが本質なのです。この件についてはごく自然に理解できますが、実はマッサージをしている側にも、オキシトシンが分泌されます。何しろマッサージをするという行為によって、自分自身も強い接触刺激を受けることになるわけだから。マッサージ師さんは、マッサージという仕事を通じて自らも癒されているのです。

強い接触刺激というと、赤ちゃんがお母さんのおっぱいを吸うときもそうです。吸う側、吸われる側ともに刺激されます。よってどちらの側にもオキシトシンが分泌され、幸福な気持ちになるわけですが、オキシトシンには母乳の分泌を促す作用があるので、お母さんはただ気持ちいいだけでなく、さらなる母乳の分泌が促されるわけです。

そうしてみると**オキシトシンは、親が子をなでたり、抱きしめたりするとき、友人同士のハグ、恋人たちの触れ合いやキスの際にも分泌され、それによって愛着の念が生まれ、絆が築かれることがわかります。**

そして究極の接触刺激といえば、セックスですね。その際、オルガスムスのときにオキシトシン分泌のピークがあります。その大量分泌によって得も言われぬ幸福感を味わうと同時に、互いの絆が強力に築かれます。

オキシトシンはすべてのほ乳類が持っているので、人とペットとの触れ合いや交流の際にも同じように分泌され、互いに癒し、絆が生まれたりします。

実際、人と飼いイヌとの間で見つめ合うと、オキシトシンの分泌がどう変化するかという研究があります。麻布大学、自治医科大学などの共同研究グループによると、イヌが飼い主をよりよく見つめているグループでは、そうでないグループよりも、イヌも飼い主もオキシトシンのレベルがアップするが、その効果は何と飼い主の方が大きいというのです。

飼いイヌに見つめられることで、飼い主の方がより癒される。どちらが本当の飼い主なのでしょう？

嬉しいとき、悲しいとき、悔しいとき、怒っているとき……どの場合も涙が出るのはなぜ？

涙の種類

随分前に結膜炎(けつまくえん)で眼科に通っていたとき、なかなか治らないために先生が、「涙の量を測りましょう」とおっしゃいました。

目を目薬で麻酔し、下まぶたに紙を差しはさんで10分くらい待つ。すると涙が紙に染み、紙を伝っていく。10分でどれくらい伝わるかをみるのです。

先生がおっしゃるには「ああ、涙の量が少ないですね。いわゆるドライアイですよ。だから、なかなか治らないのでしょう」。

なるほど、普通目に分泌されている涙は、目の表面を保護し、酸素を与えるだけでなく、目の炎症などを治す働きがあると知った次第です。

それと同時に以前、コンタクトレンズをはめていたとき、常にゴロゴロとした違和感があり、ときどき角膜（かくまく）に傷がついて痛い思いをしたわけもわかりました。涙の量が少ないため、コンタクトレンズが涙のプールにぷかぷかと浮かんでくれず、角膜をこするような形になっていたのでしょう。

こういう涙と、タマネギを切ったときに発生する刺激物やゴミが目に入ったときに出る涙は、成分も分泌の仕組みも似ています。これらを普通の涙と言うことにします。

感情によって涙も違う

一方、悲しいとき、嬉しいとき、悔しいとき、怒ったときのように、感情のうねりとともにあふれてくる涙は、これら普通の涙とは成分も分泌される仕組みも違います。

1981年に行われたウィリアム・H・フレイ（Frey）らの大変有名な研究では、1つのグループはタマネギを刻んだ成分で泣かせ、もう1つのグループはお涙頂戴ものの映画を見せて泣かせ、それぞれ涙の成分を調べています。

すると後者のお涙頂戴映画による涙は、前者のタマネギ涙とは成分が違ったのです。そして実は感情のうねりによる涙でも、悔しいとき、怒ったときと、悲しいとき、嬉しいときとで成分が違います。

東京メンタルヘルス所長で、臨床心理士の武藤清栄先生によれば、そもそも感情の源は大脳辺縁系の扁桃体というところにあります。その信号はすぐそばにある視床下部に伝わり、自律神経系に伝わるわけですが、悔しいとき、怒ったときなど緊張状態では交感神経が興奮、悲しいとき、リラックスしているときなど休息状態では副交感神経が興奮します。

そして両神経がまぶたの奥の涙腺を刺激して涙が出るのですが、涙自体は毛細血管の血液からつくられます。

その際、交感神経が興奮していると血管が収縮するので、ナトリウムの多い、しょっぱい涙になり、粘り気もある。

副交感神経が興奮していると血管は収縮しないので、ナトリウムの少ない、甘めの、しかもサラサラとした涙が出てきます。

ストレス発散になる「涙」

そして重要なのは、どんな感情のときにも、ストレスの原因となるプロラクチン、副腎皮質刺激ホルモン（ＡＣＴＨ）、コルチゾールなどとともに、痛みを和らげるエンドルフィンなどが涙に含まれ、体外に放出されるということ。

つまり、泣くことでストレスの元が放出されるし、痛みも和らげられるわけなのです。男なら泣くな、とか言いますが、カッコ悪くても泣いた方が次へ進むためには賢明なことなのです。

「顔が魅力的であること」の本質とは？

「魅力的な顔」が意味するもの

可愛い赤ちゃんほど、親が愛情をより注いで世話をする。それは赤ちゃんが自分は健康であることを、その可愛さによってアピールしているからだ、ということがこれまで述べてきたことから言えそうです。

また生後3か月、6か月の赤ちゃんでも、人を美人かどうか判定する能力を持っています。ということは、どうやらそれは生まれつきの能力であると言えそうなのです。

さらに社会的な行動をとることができるようになる生後12か月の赤ちゃんでは、美人（ただし仮面をつけて美人になっている）に対しては、情緒的な声を発したり、よく遊んだりするのに、不細工な女性（これも仮面をつけている）に対しては、逃げたり、抵抗したりする傾向がありました。このとき、人ではなく、人形の顔を操作しても、赤ちゃんは可愛い顔の人形の方と長い時間遊ぶ傾向がありました。

そうすると、魅力的な顔の意味するものが何であるか、だんだんとわかってきたような気がしませんか？

顔のよさは健康を表す

そこでまずはこんな研究から。

アメリカ、フロリダ・アトランティック大学のT・K・シャクルフォード（Shackelford）らは、この大学の学生たちに毎日健康チェックをしてもらいました。男54人、女66人です。

チェック項目は7つあり、頭痛、鼻水や鼻づまり、胃の痛み、筋肉痛、喉の痛みや咳、腰痛、不安感。これらのチェックを4週間にわたり続けるのです。

これとは別に心臓の働きのほどを知るために、次のようなことをします。自転車こぎ、あるいは60センチの高さのある踏み台を昇ったり降りたりする踏み台昇降(しょうこう)を、どちらも1分間続け、心拍数を上げます。その上がった心拍数がどれくらいの時間で元に戻るかを調べ、心臓の働きの目安とする。もちろん、心臓の働きがよいほど早く元に戻ると考えられます。

顔のよさは顔写真を使い、彼らと顔見知りではない学生たちに9段階評価をしてもらいます。

そうして顔との相関が出た項目は、男子学生については、鼻水・鼻づまり、喉の痛み、心臓の働き、女子学生では頭痛でした。

もちろん顔がよいとそれらの症状が出にくく、男子学生の場合には心臓の働きもよいという結果だったのです。

顔のよさと長寿

顔がいい人は日常的な健康に恵まれている。とすれば、顔のいい人は、日々の健康の積み重ねとも言える寿命についても長いのではないか?

この観点から研究したのは、カナダ、ウォータールー大学のJ・ヘンダーソン

（Ｈｅｎｄｅｒｓｏｎ）らです。

それにしても、顔と寿命。いったいどういう方法でアプローチしたのでしょう。

ヘンダーソンらは１９２０年代にカナダ、オンタリオ州のとあるハイスクールに在籍していた生徒について、ハイスクールの年鑑に載っている顔写真によって顔のよさを評価しました。評価者はウォータールー大学に在籍する男女10名ずつ計20名の学生です。

寿命については、オンタリオ州にある墓のデータベースを利用。すべての墓に記されている生年月日と没年月日についてのデータが蓄積されているのです。

よって当時このハイスクールの生徒であったとしても、オンタリオ州に墓のない人物については除外されます。戦争や不慮の事故で亡くなった人も対象からはずされます。研究は２００３年に発表されていて、この時点で生きている人はほとんどいないと考えられます。

さてその結果は……**やはり顔がいいと、寿命が長い傾向がありました。**しかも男の方で、よりその傾向が強く現れました。

顔のよさとは、健康と長寿の手掛かりだったというわけです。

手足の指はなぜセクシーか？

足の指を見せること

インターネットのある有名掲示板に、「私は子どもの頃から、なぜか足の指を見られるのが、裸を見られるのと同じくらい恥ずかしいのですが、これって変でしょうか」という内容の書き込みがありました。

それに対し、「その気持ち、よくわかります。私もそうです」「サンダルをはくのはまだよいが、裸足で人の家にあがるとき恥ずかしい」などといったレスポンスがいくつかつきました。

幕末から明治にかけて来日した西洋人たちは、素足にゲタという日本人の姿を見て、仰天したそうです。足の指を人前に晒すのは、性的な意味あいが強く、靴下や靴をはくことは実用的な意味だけでなく、足の指を隠す意味があるのだそう。

つまり、足の指というのは本来性的な意味を持つが、日本の高温多湿な気候の中、靴下などで足を覆っていると、たちまち水虫にやられてしまうのでやむなく素足にゲタということになったのかもしれません。

指に惹かれる女は多い

実を言うと私は、たぶん思春期からだと思いますが、男性の指（手の指。以下、断りのないときには指とは手の指を指すものとします）が気になるようになりました。

コーヒーカップを持つ、ネクタイを直す、本のページをめくる……ふとした仕草の折に、「ぞくっ」とし、セクシーだと感じてしまうのです。とはいえ、どんな指でもいいというわけではなく、一応好みのタイプがあります。

長く、伸びやかだが、関節の部分が適度に節くれだっていて、ああ、やはり男の指だなあというもの。白魚のような白くて弱々しい細さではなく、適度な力強さを感じる、しなやかで伸びやかな指なのです。

顔やスタイルならともかく、指に惹かれるなんて、もしや自分は変態ではあるまいかと、長らく悩んでいました。

しかし大学に入り、いわゆるガールズ・トークをするうちに、男の指が気になるとか、セクシーだと感ずる女が思いのほか多いことを知りました。しかも皆それぞれに好みの指というものがあり、指談義を始めるとそれこそ朝まで終わらないくらい。

ともかく私は変態ではなかった。ひとまずは安心。これが1970年代後半のことです。

しかしなぜ女が男の指に注目するのか、指がセクシーという感覚となぜ結びつくのかという疑問が解決されるには、もう十数年が必要でした。

足の指が表すもの

1990年代の半ばのこと、私はＨｏｘ(ホックス)遺伝子なるものの存在を知りました。動物は、１つの受精卵が細胞分裂を繰り返し、だんだんその動物らしい体に変化していきます。その形づくりを担当しているのがＨｏｘ遺伝子です。

Ｈｏｘ遺伝子にはいくつもの種類があるのですが、ここで問題になるのは、胴体の末端部、つまり生殖器や泌尿器の形づくりを担当しているＨｏｘ遺伝子のメンバーが、同時に手足の末端部、つまり手足の指をも担当しているということです。

形づくりの担当者たちが同じなら、出来映えについても同じくらいであると考えられるでしょう。

ということは、**手足の指を見れば、生殖器の出来映えを推し量ることができる**……。

これが男の指を見るとぞくっとするとか、セクシーだと感ずる理由でしょう。足の指は普段隠れているので、もっぱら手の指が問題となりますが、私はたまに男が素足でいると、やはり指が気になり、色気を感じます。

そして素足を見せることを、裸を見られるくらいに恥ずかしいと感ずる女がいることにもこういう背景があるのではないでしょうか？

西洋人が足の指を隠すことも同じ理由からでしょう。

浮世絵（特に春画(しゅんが)）では、男女ともに手についても足についても、指の一本一本のうねり具合が丹念に描かれていて、浮世絵作家たちも指の持つセクシーな魅力に気づいていたはずです。

なぜ人間の女はあえぎ声を発するか？

こっそりするのに、大声を出すわけ

セックスの最中、男は吐息とか、思わず「うっ」といきむような声を発するかもしれません。しかし、いずれの場合も声を押し殺していて、あまり大きな声を発することはないと思います。

それもそのはずで、人間の交尾は夜、他の人に見つからないようこっそりと行われるから。

こういう隠れた交尾は霊長類として珍しく、チンパンジーもゴリラも、そしてニホンザルも昼間、隠れず、皆の見ているときに行うのです。

そうするとどうしても不思議に思えてくるのは、既に少し説明していますが、本来隠すはずのセックスにおいて、ときに四方八方に轟きわたるような大音響のあえぎ声を発する女がいるということ。

女といっても、あえぎ声をほとんど発しない女、吐息程度の声を発する女、そこそこのあえぎ声を発する女、そして大音響のあえぎ声を発する女と、いろいろです。

しかし大音響では、隠さなければならないはずのセックスを逆に大宣伝しているに等しい。どうして一部の女は、こんな〝本末転倒〟とでも言うべき行いをしてしまうのでしょう。

男たちに競争させる、計算高い女

ちなみに霊長類のあえぎ声としては、ベニガオザルのメスがオルガスムスの際に、口をすぼめ、一言「ホウ」と発するくらいで、決して大音響ではありません。

彼らの交尾はそもそも〝衆人環視(しゅうじんかんし)〟のもと行われ、何もわざわざ「今ここで交尾していますよ」などと音声で知らせる必要はないというわけなのです。

すると、どうでしょう。女が大音響のあえぎ声を発するのは、やはり交尾が隠されているからこそでは？　他の男たちに「今ここで交尾していますよ」と告げる狙いがあるからではないでしょうか。

声を聞きつけて何人もの男たちがやってきます。彼らは息を潜め、自分が交尾する番を待つことでしょう。

これは私が独自に考えた仮説ですが、**このようにして女の体内で、卵の受精を巡って複数の男の精子が争うという精子競争が起こるのです。**

『サルのことば　比較行動学からみた言語の進化』（小田亮著、京都大学出版会）によると、交尾のときに発情音をあげたメスほど、他のオスを惹きつけると言います。

またイギリスのティム・バークヘッド（Ｂｉｒｋｈｅａｄ）も同じことを述べています（『乱交の生物学』、小田亮／松本晶子訳、新思索社）。

これが結構大事なことで、卵の受精に成功するのはおそらく、一番質のいい精子を最も多数持った男。生まれてくる子が男の子なら、その子は父譲りの精子競争力を持っていて、将来、母である自分の遺伝子のコピーを大いに残してくれるであろうからなのです。

女が大きなあえぎ声を発するのは、はしたないこと、良家の子女はどんなに興奮しても声は押し殺すものだ、などと昔から言われていますが、確かに一理あります。大きなあえぎ声を発する女は、パートナー以外の男と交わることを目論んでいると考えられるのだから。

でも、いくらはしたない行為、良家の子女として恥ずべき行為だとしても、動物学的には1つのれっきとした繁殖上の戦術と言えます。

ところで聞くところによると、特に欧米人ではセックスの際に男が絶叫するケースがよくあるのだそうです。

もしかするとその男は「ここで交尾しているよ！」と女たちに呼びかけているのかもしれません。より多くの相手と交尾するために。

若い女性が痩せたがるのは？

危険を冒してまで痩(や)せる女たち

まず、私自身の経験から述べさせてもらいますね。私は20代の頃、若い女性向けの雑誌のモデルさんのような、スリムで、胸もお尻もほとんど目立たない、中性的な体型に憧れていました。胸やお尻に脂肪がついているのはダサい、と思っていたのです。

ところが30代後半になってはっと気づいたのは、自分が憧れていた体型がいかに不自然なものであったかということ。

そもそも、あの憧れの体型では体脂肪率があまりにも低く、月経がないか、あったとしても排卵がないという状態であろうと思われるのです。一説には体脂肪率が15％を下回ると、半分くらいの女性に排卵が起きなくなります（排卵がなくても月経があることもあります）。そして排卵があり、妊娠したとしても、低体重の子が生まれる可能性が高い。

さらに体脂肪率が10％を下回ると、月経自体がなくなり、妊娠も不可能になります。

この問題に直面しているのが、女性のトップアスリートたちで、特に陸上の長距離走、体操や新体操などの選手たちが深刻なのだとのこと。

体脂肪率が低いことは月経や妊娠に影響を及ぼすだけではなく、女性ホルモンのエストロゲンの分泌不足のため、閉経後の女性と同じように骨粗鬆症（こつそしょうしょう）になりやすく、結果として疲労骨折の危険性が高まります。

痩せたがるのは、避妊するため？

——ともあれ、若い女がやたら痩せたいと願うのは、体脂肪率をたとえば月経はあるが排卵はないというくらいのレベルにまで下げ、避妊をするためなのではないかということなのです（月経が来なくなれば、さすがに事の重大さに気づき、ダイエットなどをやめてしまうでしょうから）。こういうことを女は無意識のうちにやっているはずなのです。

そして30代後半の私が、若い頃の痩せ願望について疑問を感ずるようになったのは、自身の妊娠の可能性が急速に低下してきたからなのでしょう。

こんなふうに私は考えたわけですが、数人の心理学者がほとんど同じことを言っていることを知りました。

社会進出と避妊

彼らによれば、若い女の痩せ願望が高まったのは１９６０年代以降で、ちょうどモデルのツィギーがもてはやされた頃から。ツィギーは「小枝」を意味し、彼女はミニスカートの女王と呼ばれました。

この60年代ですが、実は、女性の性の解放がなされるようになったのと同時に、社会進出が盛んになった時期でもあるのです。

要するに、**女性は社会でばりばり働きたいわけなので、妊娠はなるべく先送りにしたい。そのために痩せて体脂肪を減らし、妊娠しにくい体型を願うようになった。**その象徴がツィギーであり、もう少し後の時代であれば、ケイト・モスなどの痩せすぎのモデルというわけなのです。

そして、これらのことはすべて無意識のうちに行われているものであり、女はその真相についておそらくは気がついていません。

腕の血管が浮き出ている男に惹かれるのは？

女が男らしさを感じるとき

２０１７年のこと、私は人気絶頂のアイドルグループ、「Ａ」のチャリティ・イベントに、企画者の１人として参加しました。男と女についての〝専門家〟としてお声がかかったのです。

そのイベントでは「宿題」と称し、事前にこんなアンケートが行われました。

「男性のどんなところに男らしさを感じますか」

あなたならどう答えますか？

驚いたことに、**もしかして解答例として示されているのではないか（示していま**

せん）と思われるほど圧倒的だったのは、「血管の浮き出ている腕」でした。

「重いものを持ってくれる」「車道側を歩いてくれる」も結構多かったのですが、血管の浮き出ている腕には及びませんでした。

男らしさの象徴

なぜ血管の浮き出ている腕か。なぜ女では腕の血管がほとんど浮き出ないのか？

それは単純なこと。男は皮下脂肪が少ないので血管が浮き出るのです。

しかも、皮下脂肪をつけにくくしているのは、男性ホルモンの代表格であり、男のカッコよさを演出する、テストステロンなのです。


要は、血管がくっきりと浮き出る腕を持っている男は、男の中でも特にテストステロンのレベルが高い。よって生殖能力なども高いはずで、女はそこに魅力を感じ、惹かれるというわけです。

女にもテストステロンは存在しますが、レベルは格段に低いのです。

男らしさの象徴

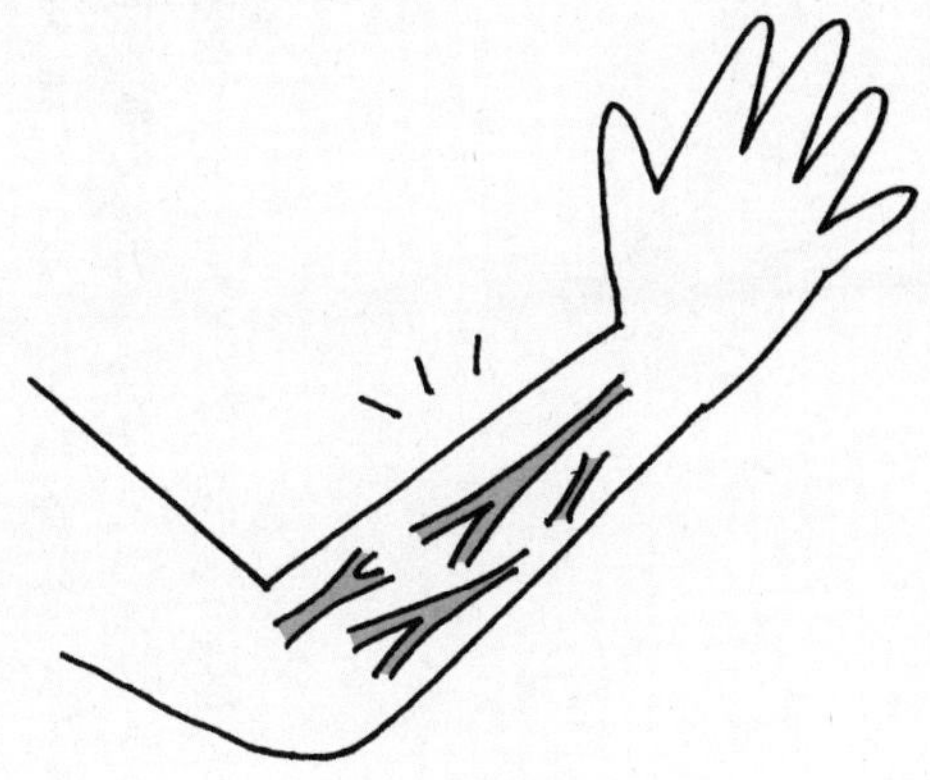

腕に浮き出た血管は、
男らしさを表すテストステロンによるものだった。

件（くだん）のアンケートで多かった「重いものを持ってくれる」も、男の方が筋肉が発達しているからこそで、筋肉の発達もテストステロンによります。

また、「車の駐車がうまいこと」も少数意見としてありましたが、こういう作業でものを言うのは空間認識の能力。これまた、テストステロンが関係します。

空間認識は右脳が担当していますが、右脳を発達させるのが他ならぬテストステロンなのです。

女は胸の大きさとくびれで品定めされている

男が惹かれる女の体型

「自分はおっぱい星人。女はおっぱいが大きくないとダメなんだ」と言う男性。あるいは「いやいや、女はお尻が大きいのが一番。たとえペチャパイでも、お尻が大きくないとダメなんだ」と言う男性。

皆さん、好みはいろいろでしょうが、ここではあくまで研究でわかったことを紹介します。

まず、ペチャパイでも、お尻が大きいことを重要視する男性。あなたはお乳の質がよい女性を求めていると言えます。

お乳の質というと、当然おっぱいが関係するはずだと誰しも考えます。実際、1980年代に、おっぱいの大きさとお乳の質との関係が研究されたのですが、どうしても関係が現れませんでした。

実は、お乳の質と関係があったのは、お尻と太ももの大きさでした。お乳はお尻と太ももの脂肪を原料としてつくられているのです。おっぱいは関係しないという次第。

では、おっぱい星人の場合には女性の何を重視しているのか。

この件について詳しく研究したのは、ポーランドのG・ヤシェンスカ（Jasieńska、女性です）らで、2003年のこと。

ヤシェンスカらは、ポーランド人女性119人の、バスト（B）、アンダーバスト（UB）、ウェスト（W）、ヒップ（H）のサイズを測定し、平均よりも大か小かで、次の4つのグループに分類しました。

胸大　　B／UBの値が平均より大

胸小　　B／UBの値が平均より小

くびれている　　W／Hの値が平均より小
くびれていない　W／Hの値が平均より大

さらにこれらのグループを組み合わせ、

①胸大でくびれている
②胸小でくびれている
③胸大でくびれていない
④胸小でくびれていない

というグループをつくります。

各女性は1か月の間、毎日だ液を採取し、女性ホルモンの代表格であるエストラジオールのレベルが測定されます。エストラジオールのレベルが高いと妊娠しやすいと言えます。

すると、①が最もエストラジオールのレベルが高いのではと誰しも予想するでしょう。そして④が最も低いのではないか、とも。

確かに①が最も高いレベルにありました。しかし、②、③、④には違いがなかったのです。どうも、胸とくびれの両方が揃うことが重要であるようなのです。

①は、排卵期（最も妊娠しやすい時期）のエストラジオールのレベルが他のグループよりも37％も高かったのです。

おっぱい星人は、もしおっぱいだけを重要視し、くびれを問題にしないとすれば、それは繁殖にあまり意味をなさないことになります。しかしもし、無意識のうちにくびれもチェックしているというのなら、それは妊娠のしやすさをチェックしていることになるでしょう。

胸派男の胸のうち？

こうして見てくると、乳の質を重視するか、妊娠のしやすさを重視するかで惹かれる体型も違うということになり、それはその男性が置かれている状況とも関係する問題かもしれません。

つまり、乳の質を重要視する男性は、長期のパートナー（妻）の乳の質のよさによって自分の子がよく育つことを期待する。

片や、妊娠のしやすさを重視する男性は、短期のパートナー（浮気相手）がすぐにでも妊娠することを期待しているのかもしれません。

火事場の馬鹿力は本当にあるのか？

最大限の力は出さないのが人間

火事のときには普段は考えられないような大きな力が発揮され、重い家具などを運び出してしまうことがある。

これが「火事場の馬鹿力」なるものですが、火事場だけでなく、何らかの緊急事態や、窮地に追い込まれたときにも普段では考えられない大きな力が湧き、こういう場合にも「火事場の馬鹿力」と表現されます。

なぜ馬鹿力が出せるのでしょう。それが緊急事態だからこそ、いつもとは違う大きな力が必要となる。そこで神経伝達物質、ノルアドレナリンの大量分泌によって脳や神経系が超ハイな状態になり、馬鹿力が出るのだ、というのが一般的な説明のようです。

さらにここで間違えてはいけないのは、**緊急時に出る力というのは、決して自分の能力を超えた力ではないということ。**あくまで自分の能力のうちにあるが、普段は敢(あ)えて抑制されている力だ、ということです。

いつも最大限の力が出た方が何かと便利ではないか、と思う方もいるでしょう。でも、それはとても危険なこと。常に最大限の力を発揮していると、そのたびに筋肉や骨を痛める危険を伴うのです（プロ野球の投手などは常に最大限の力を発揮しているため、肘などの故障を抱えることになるのです）。

最大限の力は、普段は抑制し、温存しておく。そうして筋肉にも骨にも異常のない状態にしておいて、ここぞと言うときにだけ発揮する。この点に意味があるわけです。

人は赤に反応する

このように緊急時に思いもよらぬ力が発揮されるという件について、何か具体的な研究がないものかと、私は探してきました。すると、少なくとも火事場に限るならこの研究こそがどんぴしゃだということに気づいたのです。

アメリカ、ロチェスター大学のＡ・Ｊ・エリオット（Ｅｌｌｉｏｔ）らは赤い色の持つ効果について長年にわたり研究しているのですが、２０１１年にはこんな研究を発表しました。

46人の学生（うち女子は32人）を、３つのグループにランダムに振り分けます。赤、青、グレーのグループでそれぞれ15、15、16人です。

次に各人をパソコンのモニター画面の前に座らせ、握力計を渡します。そして画面に「握れ」（Ｓｑｕｅｅｚｅ）という文字が現れたら、利き手で握力計を思いっきり握るよう告げます。

実は、赤、青、グレーというのは「握れ」という文字の色によるグループ分けだったのです。文字は３・５秒間画面に現れ、消えたら握力計から手を離すように指示します。

さて、赤、青、グレーの文字によってどのような違いが現れると思いますか？

まず最大限の力は赤のグループが他を圧倒する値を出しました。平均で２８９Ｎ

（Nとはニュートンで、力の単位を意味します）。これに対し、青は221N、グレーは217Nなのです。青とグレーのグループ間で統計的な差はありません。あくまで赤が青とグレーを圧倒しているのです。

また最大限の力にまで到達する時間も、赤が圧倒的に速いということがわかりました。赤を見たら、素早く大きな力を出すことができるというわけです。

なぜ赤であり、他の色ではないのか。**実は自然界では赤は危険を意味するのです。**

赤は危険信号

トゲウオのオスは繁殖期になるとお腹が赤くなります。鳥のキンカチョウのオスも同じくクチバシが赤くなる。サル類のオスのお尻も同じく赤くなりますが、これらは男性ホルモンのテストステロンの働きによるものであり、そのレベルが高いほどより赤みが増します。テストステロンは攻撃性に関わるので、赤みの強いオスほど相手にしたら危険というわけです。そんなわけで、赤いものを見たら危険だから全力で対処すべしという本能が同じ動物である我々人間にも備わっています。よって赤を見ることで大きな力が素早く湧いてくるのです。

火事のときは当然、赤い炎を目にします。だからこそ、火事場の馬鹿力が素早く発揮されるのでしょう。

火事場以外の緊急事態ですが、その際にも赤い色ではないとしても、何らかの危険を示す信号が発せられているはずです。となれば、危険なものには全力で対処すべしと、大きな力が素早く発揮されるのではないでしょうか。

日本人は酒に弱い？

東洋人以外は皆酒豪

いわゆる下戸（げこ）、ほんの少量のアルコールでも顔が赤くなり、気分も悪くなる人がいるのは、皆さんご存じの通り。でも、**これは世界的には稀（まれ）な現象で、英語で酒で顔が赤くなることを、わざわざ「オリエンタルフラッシング」と言うくらいなのです。**

純粋なコーカソイド（欧米人）、純粋なニグロイド（アフリカ人、あるいはアフリカにルーツのある人々）には下戸はいません。ほどほどに飲めるが、ある程度以上は気持ち悪くなったりするという人もいない。全員が、酒をガンガン飲めるというタイプなのです。

アルコールを分解できない東洋人

アルコールは肝臓でまず、アルコールデヒドロゲナーゼ（アルコール脱水素酵素）によってアセトアルデヒドに分解されます。このアセトアルデヒドこそが、気持ち悪さや頭痛などの原因物質なのです。

アセトアルデヒドを分解する酵素がアルデヒドデヒドロゲナーゼ（アルデヒド脱水素酵素）なのですが、これには２種類あり、問題はそのうちの１つである、アルデヒドデヒドロゲナーゼ２（ＡＬＤＨ２）です。

元筑波大学教授の原田勝二（はらだしょうじ）氏によると、２・５〜３万年前、中国大陸の南部のモンゴロイド（東洋人）において、このＡＬＤＨ２の遺伝子に突然変異が起き、アセトアルデヒドを分解できなくなったとのこと。

よってモンゴロイドでは突然変異が起きたタイプの遺伝子（Ｄ）と起きていない遺伝子（Ｎ）を、ＮＮ、ＮＤ、ＤＤ、の３種の組み合わせで持っていて、順に酒が「ガンガン飲める」「ほどほどに飲めるが、度を越すと気持ち悪くなったりする」

「まったく飲めない」というタイプに分かれるのです。

NDのタイプはNを1つ持っているので確かにアセトアルデヒドを分解できるのですが、NNのタイプほどには効率よく分解できず、気持ち悪くなったりするという次第なのです。

酒に強い県、弱い県

ところで日本人というのは1つには、日本列島に先にやってきた縄文人と、遅れて主に朝鮮半島経由でやってきた渡来人とのミックスであると考えられています。しかも縄文人はALDH2については突然変異の起きていない、N型しか持っておらず、突然変異が起きた、D型をもたらしたのは渡来人と考えられていて、それは原田氏が行った調査からも裏付けられます。

原田氏が全国の5000人以上を調査したところ、N型の保有率が最も高かったのは秋田県の76・7%、次が鹿児島県、岩手県で71・4%。続けて福島県70・4%、埼玉県65・4%、山形県65・1%、北海道、沖縄県64・8%、熊本県64・3

%、高知県64・0%と続き、縄文色の強い、東北や北海道、南九州、沖縄などの地域です。

逆にNの保有率が低かったのは三重県の39・7%、愛知県の41・4%、石川県45・7%、岐阜県47・6%、和歌山県49・7%、広島県52・4%、大阪府53・0%、奈良県53・3%、岡山県53・8%、富山県54・8%と続き、渡来色の強い、中部、近畿といった地域なのです。

ちなみに東京は60・0%で、全国から人が集まっているとはいえ、やはり東日本からの流入が多く、やや酒に強いという傾向にあるように思います。

ぴたっとシンクロしたダンスをしたり、見たりすると感動するのはなぜ？

シンクロしたダンスに感動するわけ

少し前に大変話題になった、大阪府立登美丘（とみおか）高校ダンス部の「バブリーダンス」。そのキレッキレのダンスもさることながら、メンバーの動きの恐ろしいまでにシンクロした様に驚嘆しました。

そうして同ダンス部の他のパフォーマンスをネットで探していたら、もっと凄（すご）い作品に出合いました。それは２０１５年に同ダンス部が初めて全国優勝を果たした際のもので、曲は80年代に一世を風靡（ふうび）した、ボニー・タイラーの「ヒーロー」（正確には「Holding Out for a Hero」）。各人各様の色とりどりのレオタード姿で踊り、これまた懐かしい「フラッシュダンス」風。さらにレオタードなので、バブリーダンスのスーツとは違い、動きに制限がないのです。

メンバーはたいてい6人ずつの小さなチームに分かれ、そのチーム内では同じ動きをしますが、チームごとに振付が違います。

また、陣形もまるで万華鏡を覗いているかのように次々と変化していき、チームの顔ぶれも入れ変わっていきます。そして時折、全員の動きがピタッとシンクロするのですが、これがもう鳥肌もの。

私は何度も繰り返し再生し、気がついたときには目に涙があふれていました。

相手と同じ動きをすること

完全にシンクロしたダンスを見ただけで、なぜこんなにも感動してしまうのだろう？

これほどまでに揃うには血のにじむような練習の日々があったはずだが、その努力に感情移入しているからかというと、どうもそうではないようだ。

理由もわからず、ただただ感動してしまう。これはおそらく相当深い意味がある、もしかしたら我々の生存にまで関わる問題ではないだろうか。そうでないとしたら、こんなにも心が動かされるはずはない……。

ということで調べてみたところ、その通りだということがわかりました。ダンス、それも皆がシンクロした動きをするということには、大変重要な進化論的意味があるのです。

そもそも動きや信号をシンクロさせることには、同じ種であることの確認と、相手の求愛を受け入れるという意味があります。

ホタルは種によって光り方のパターンが違います。オスがその種に独特の光り方をしてメスに求愛し、オーケーならメスは同じ光り方で応答します。

水鳥のカイツブリはクチバシで自身を毛づくろいするなど、互いにまねをするような求愛の行動を繰り返し、だんだんと動きがシンクロしていく。最後には２羽が両脚を高速で動かしながら水しぶきを上げ、水面上を移動します。

シンクロは距離を近づける

しかし音楽や何らかのリズムに合わせ、大勢の人間が同じ動きをする、つまりシンクロしたダンスをするというのはどうやら人間特有のようです。

イギリス、オックスフォード大学のB・タール（Tarr）らは、数人でシンクロしたダンスをすると、そうでない場合よりも、他のメンバーとの社会的距離が近いと感じるようになるということを示しました。

ブラジルのハイスクールの生徒264人（うち女子は164人）について、次の2つの条件の小グループに振り分けます。

①シンクロ条件

各人は円形に位置し、内側を向いて他のメンバーの動きを見ることができる。このとき、スピーカーから流れる音楽（インストルメンタル、つまり楽器のみの音楽）を聴くのだが、各人の前に示された紙に同じ動きが指示される。

②一部シンクロ条件

位置取りは①と同様で、スピーカーから流れる音楽も同じだが、各人に指示される動きはバラバラである。

こういうことを10分間続けます。

そうして、ダンスの前と後で、他のメンバーとの社会的距離をどう感ずるかというアンケートをとります。1から7までの評価で、7が最も社会的距離が近いことを意味します。

すると、①のシンクログループではダンスの後に近さが0・5アップしますが、②の一部シンクログループでは0・4のアップ。あまり差がないように思われるかもしれませんが、①と②で統計的にはっきりした差があります。

また、ダンスをいっしょにしなかった人や、元々親しいクラスメートでは、ダンスの前と後で社会的距離の近さの評価は変化しませんでした。当然と言えるでしょう。

シンクロしたダンスを経験すると、他のメンバーとの距離が近く感じられ、より団結し、連帯感が生まれる。

シンクロしたダンスをすることで我々はより団結しますが、それは捕食者に対する防衛や他の部族との戦いにおいて有利に働いたのでしょう。自分たちの生存のために、そんなにも重要な役割を果たしてきた。

だからこそ我々は、シンクロしたダンスをしたり、見たりすることで、このうえない感動を覚えるのでしょう。登美丘高校ダンス部の皆さんも、毎日の厳しい練習によって、ますます団結力が高まっていることでしょう。

友人や家族からよく連絡がくる人は、健康でいられる

突然死してしまう人のリスク

社会的に孤立している人は、虚血性心疾患(きょけつせいしんしっかん)や脳卒中(のうそっちゅう)のリスクが高まると言われています。

なぜこの2種の病気なのでしょう。社会的孤立というのなら、心の健康に関わるような病気が関係してもいいだろうに。

ともあれ、どちらの病気も心臓や脳にうまく血液が運ばれてこないことに原因があり、それは血管に血栓(けっせん)ができているからなのです。

血栓、つまり血の塊ができるのは主に、フィブリノーゲンという血液凝固(ぎょうこ)因子の作用によりますが、これは本来、ケガをしたときに止血のために働く物質です。

我々にとっての最大のストレスは、捕食者や敵と対峙したときに起きます。そういう場合には、とにかく心臓がバクバクとして心拍数が上がり、血圧も上昇します。これはただ単にパニックに陥っているかのように思われますが、むしろ有意義なことで、こういう反応を起こすことによって骨格筋に素早くエネルギーを送るという意味があります。戦うにしろ、逃げるにしろ、筋肉が素早く十分に働いてくれる必要があるからです。

そしてこういうストレス状態のときには、もう1つ重要な変化が起きます。それが血液中のフィブリノーゲンのレベルが上がるということ。戦うにしても、逃げるにしても、ケガを負う可能性がある。その際、なるべく早く血を止める必要があるからなのです。

ストレス状態にある人は不健康

もっとも、捕食者や敵と対峙するというのは、そうしょっちゅう起こる現象ではありません。しかし、日常的に何らかの理由によって慢性的なストレス状態に置かれているときにも、血圧が上がるとか、フィブリノーゲンのレベルが上がります。

つまり社会的に孤立している人が、虚血性心疾患や脳卒中のように、心臓や脳に血液がよく行き渡らない状態になりやすいというのは、社会的孤立という慢性的なストレスにより、フィブリノーゲンのレベルが常に高くなっている。そのことにより、血栓ができやすくなっているからなのです。


フィブリノーゲンのレベルは、学歴、職業的地位などと関係があることがこれまでにわかっていました。それぞれ低い方がフィブリノーゲンのレベルが高い、つまりストレス状態にあるのです。

フィブリノーゲンのレベルはこのセクションで論じられているように、その人が社会とよく関わるかどうかとも関係があります。むろん社会とよく関わりがある方がフィブリノーゲンのレベルが低いわけです。

連絡をしてくる友人の数が多ければ、健康でいられる

そこでアメリカ、スタンフォード大学のＤ・キム（Ｋｉｍ）らは２０１６年に、

社会との関わりという点について、もっと踏み込んで調べました。

友人や家族などがいかに自分とコンタクトをとってくるかと、自分から友人や家族にいかにコンタクトをとるかの、２種の社会関係を問題にします。

すると前者の、周りが自分によくコンタクトをとってくるという人ほど、フィブリノーゲンのレベルが低い傾向にありました。その効果たるや絶大で、学歴や社会経済的な不利を跳ね返すほどです。

少々学歴が低くても、少々経済的に恵まれていなくても、自分を気にかけてくれる友人、家族に恵まれているということの方が、少なくとも虚血性心疾患や脳卒中を起こしにくい、という作用をもたらすのです。

後者の、自分が周りに対してよくコンタクトをとっているということもフィブリノーゲンのレベルと相関がありましたが、前者ほど強いものではありませんでした。やはり周りが自分を気にかけてくれるという点が重要なようです。自分では友人と思っている相手でも、向こうは自分を友人と認定していないかもしれませんから。

社会的に孤立した人は糖尿病になりやすい

孤立感は糖尿病も招く

社会的に孤立していると、虚血性心疾患や脳卒中になりやすいという話をしました。社会的に孤立するという慢性的ストレス状態にあるために、ストレスに対応すべく、血液凝固作用のあるフィブリノーゲンのレベルが上がる。そうして血栓ができやすくなり、心臓や脳に血液が流れにくくなってそれらの疾患を発症しやすくなるのです。

社会的に孤立していると、さらにこんな悪影響もあります。糖尿病の発症のリスクが高まるのです。

ここで言う糖尿病とは2型糖尿病のことで、中高年の人々が運動不足や肥満、喫煙などの生活習慣を原因として発症するというもの。

それに対し、1型糖尿病は自己免疫病。リンパ球がすい臓のB細胞を攻撃し、破壊する結果、インスリンが出にくくなるというものです。主に小児期に発症し、完全に遺伝的な原因によります。

もっとも、2型糖尿病にしても遺伝的要素は関係し、同じような生活を送っていても、なりやすい人、なりにくい人がいます。

2型糖尿病になりやすいのは、高齢の、特に男性。そしてBMI（肥満度）が高い人、教育レベルが低い人、退職した人、喫煙者のように環境的、ライフスタイル的に悪い要因を抱えている人、以前に心血管疾患や高血圧を患った人、うつやストレスのような心理的要因を抱えている人などであることがわかっていました。

社会とのつながりと、糖尿病

しかしオランダ、マーストリヒト大学のステファニー・ブリンクヒューズ（Brinkhues）らはこれらの要因もさることながら、ソーシャル・ネットワークの度合いを問題視しました。つきあいのある人間の数や独り暮らしであるかどうか、社会的活動への参加、精神的サポートや実務的サポートがどれほど期待できるかも、糖尿病の発症に深く関わるのではないかと考えたのです。

ブリンクヒューズらはマーストリヒト大学のあるオランダ南部に住む、40～75歳の男女、2861人（1型糖尿病の人は除いている。男女はほぼ半々）について、現在、糖尿病に関してどのような状態であるかを調べました。

前の日の晩から絶食してもらい、まずは採血します。そしてブドウ糖を一定量溶かした水を飲ませ、2時間後にまた採血。1回目のサンプルと2回目のサンプルの血糖値を比較し、血糖値をどれほど下げられるかで糖尿病についてどのような状態にあるかを判断するのです（これを「経口ブドウ糖負荷実験」と言います）。

糖尿病についての状態は次の4つに分類されました。A／正常、B／糖尿病前症、C／この検査によって糖尿病とわかった、D／既に糖尿病である、です。Aが1623人（56・7％）、Bが430人（15・0％）、Cが111人（3・9％）、Dが697人（24・4％）という内訳で、結構な数の人がこの検査によって初めて糖尿病と診断され、糖尿病前症、つまりこのままいくと危ないという人も数多く発見されています。

各人が社会とどうつながっているか、つまりソーシャル・ネットワークの様々な形とその度合いについてはメールでアンケートをとります。

まずネットワーク・サイズ（まあまあコンタクトをとる、同居人や同居していない家族、友人などの数）の平均は、女性ではＡで12人、Ｂで11人、Ｃで９人、Ｄで８人、ときれいに差が現れます。男性についても同様に、ＡとＢで10人、ＣとＤで７人という結果となりました。

男も女も、ネットワーク・サイズが小さいと、Ａ（正常）と比べ、Ｃ（この検査によって糖尿病とわかった）やＤ（既に糖尿病である）である確率が高くなります。

女ではまた、歩いて行けるほどの近い距離に住むネットワーク・メンバーの数が10％減るごとに、正常な場合と比べ、Ｃの確率が21％、Ｄの場合は９％高まり、より糖尿病である確率が高くなります。

独り暮らしの男性に必要な、社会とのつながり

そして男と女で対照的な違いを見せるのは、独り暮らしの場合です。女は独り暮らしをしていることと糖尿病についての状態に相関は現れませんでした。しかし男では重大な相関が現れ、独り暮らしをしている男では、既に糖尿病を発症している確率が正常である場合の2倍近くあるのです。

女はたとえ独り暮らしをしていても、ちゃんとした食事をとるとか、近所に仲のよい人々がいて日常的に交流しており、独り暮らしの影響が出にくいということなのでしょう。

片や男は独り暮らしをすると、食事の内容が貧相になり、近所づきあいも少なく、社会との接触が断たれ、糖尿病を発症しやすくなるということかもしれません。

社会参加、つまり趣味やスポーツのサークルやボランティア活動、自立支援グループなどに属することが少ないことによる弊害もあります。

この点については女でよく現れました。Ａ（正常）と比べ、Ｂ（糖尿病前症）は60％高い確率で存在し、Ｄ（既に糖尿病である）は2倍以上の確率でした。

重要な決断を迫られるときに精神的な支えとなってくれる人がいる、家の周りの仕事などを手伝ってくれる人がいる、病気のときに看病してくれる人がいるといったサポート体制の不足も、男女ともに糖尿病の確率を高めていることがわかりました。

これらソーシャル・ネットワークに関する要素と糖尿病との相関については、従来言われる糖尿病のリスク要因（ＢＭＩ、教育レベル、喫煙、ストレスや一般的な健康など）とはまったく関係のないものです。

ソーシャル・ネットワークについては自分の力で何とかできる問題なので、ぜひとも改善の努力を！

血液型によって決まるもの

血液型は免疫の型

皆さん、血液型って何の型か知っていますか？

「血液の型でしょ」

確かにそうです。けれど、ただそれだけのこと、と思っていませんか？

実は血液型の本質とは、免疫の型なのです（以下、特に断らない限り、血液型とはＡＢＯ式の血液型を指すことにします。血液型には他にも非常に多くの種類があります）。

免疫の型とは、自己と他者を区別するために存在する、印のようなもの。もし他者（病原体など）が侵入してきたとわかったときには、容赦（ようしゃ）なく免疫的に攻撃するのです。

そんなわけで病原体ではなくても、他人の血液を輸血してもらう際にも、型が合う、合わないという問題が生じるのです。

赤血球の表面には、糖鎖（とうさ）なるものがびっしりと毛のように生えています。文字通り糖の鎖であり、いろいろな種類の糖がいくつか連（つら）なったもので、その最末端の糖が何かによって、血液型が違ってきます。

型の違いとはどういうことか

まずA型ですが、最末端にN‐アセチルガラクトサミンという糖がついています。そしてもしこの糖が外れたら、O型と同じものになってしまう。

B型では最末端の糖がガラクトースであり、この糖が外れたらO型と同じになってしまいます。

そうすると元々はO型が存在していて、後からA型、B型が現れたのではないかと考えたくなってしまいますが、そうではありませんでした。O型の糖鎖とは、A

型の糖鎖をつくるための酵素の遺伝子に変異が起きたため、最後のN‐アセチルガラクトサミンがくっつかなくなっていることがわかっているのです。つまりO型はA型由来というわけなのです。

ではAB型ではどういうことになっているかですが、AB型の糖鎖というものはありません。AB型の赤血球の表面には、A型の糖鎖とB型の糖鎖が両方とも存在するのです。

このようにA型、B型、O型、AB型とは、赤血球の表面にある糖鎖の種類の問題であり、病原体などの侵入者といかに戦うかという戦術の違いでもあるのです（さらにこれらの糖鎖は赤血球の表面だけでなく、体の臓器や体液中などの細胞表面にも存在していて、病原体などの侵入者と戦っています）。

ともあれ、**血液型が侵入者と戦うための戦術の違いである以上、型によってより戦いやすい相手と、そうでない相手があるはずです。**実際、血液型によってより気をつけるべき病気の種類が違います。

それぞれの血液型が苦手なもの

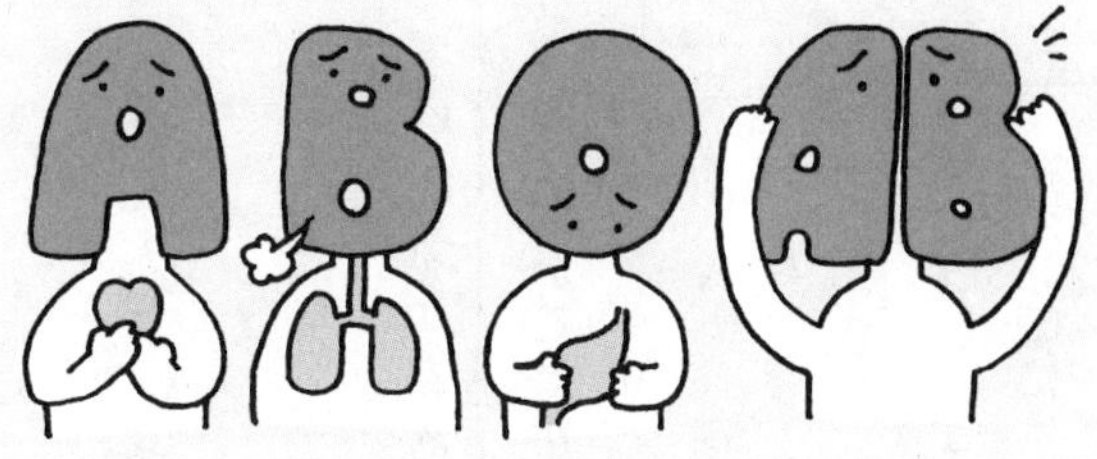

免疫の型が違えば、
苦手とする病原体だって違う。

血液型別
苦手な病気、そうでない病気

血液型によって、罹りやすい病気がある

A型は、恐ろしいことにガン全般に弱いことがわかっています。そもそも血液型とガンとの関係を初めて研究したのは、イギリスのI・エアード（Aird）らであり、1953年のことです。このとき胃ガンはA型が罹りやすく、O型が罹りにくいと発表しました。

胃がんグループ2866人と対照群2850人との比較です。

実はイギリス人などではA型とO型がほとんどで、B型もAB型も少ないために研究のうえで無視されがちでした。初期の頃には、A型とO型とで何らかの病気に対する罹患率の差という観点で研究が行われています。

まず、Ｏ型に比べＡ型の罹患率が高いのは、何と言ってもガン。胃ガン、結腸・直腸ガン、唾腺の悪性腫瘍、膵臓ガン、口腔・咽頭ガン、子宮頸ガン、子宮体ガン、卵巣ガン、乳ガンなど。このうちでＡ型がＯ型に比べ、最も罹患しやすいのは、唾腺の悪性腫瘍で、罹患率は、１・64倍、最も低いのは乳ガンで１・08倍です。

ガン以外でもＡ型が弱く、Ｏ型が強いのは、良性唾腺腫、リウマチ性疾患、悪性貧血、糖尿病、虚血性心疾患（心筋梗塞、狭心症）、胆のう炎・胆石症、好酸球増加症、血栓性塞栓症など。このうちＯ型に比べＡ型の罹患率が最も高いのは、好酸球増加症で２・38倍、最も低いのが糖尿病の１・08倍です。

一方で、Ａ型に比べＯ型の方が罹患率が高いという病気もあります。胃潰瘍と十二指腸潰瘍です。それぞれ罹患率は１・17倍と１・35倍。

しかしながら、胃潰瘍も十二指腸潰瘍も、即命に関わるという病気ではなく、今の医療をもってすれば完治可能というもの。Ａ型が抱える深刻さとは大違いです。

もっとも、これらはすべて確率の問題で、A型なら必ずガンになるわけでも、O型ならガンにならないというわけでもありません。ここにあげたデータは『人類遺伝学（第二版）』（F・フォーゲル、A・G・モトルスキー著、安田徳一訳、朝倉書店）によるもので、感染症についての数値データは除いています。

もう少し最近のデータに基づき、各血液型と、その血液型の人が気をつけるべき病気を、もっと絞り込んで見ていきましょう。

「A型」が気をつけるべき病気

・ガン全般だが、胃ガンはO型に比べ20％罹患のリスクが高い
・心臓病　O型に比べ８％、リスクが高い
・糖尿病　O型に比べ10％、リスクが高い

「B型」が気をつけるべき病気

・膵臓ガン　O型に比べ51％も罹患のリスクが高い
A型は同じく32％、AB型も72％高い

・肺炎
・気管支炎
・結核 結核についてはBの要素を持つ、B型とAB型が弱い
たとえばB型はO型に比べ10%、リスクが高い
・心臓病 O型に比べ11%、リスクが高い
・糖尿病 O型に比べ21%、リスクが高い

「O型」が気をつけるべき病気

・胃潰瘍、十二指腸潰瘍
・コレラ

コレラは感染症であり、詳しい研究があるので紹介します。

コレラは元々ガンジス川下流域の風土病だったのですが、交通の発達と人の移動により、19世紀になってから世界的流行(パンデミック)を繰り返すようになりました。

そこでアメリカのR・I・グラス（Ｇｌａｓｓ）らは、ガンジス河口に近い、バングラデシュのマトラブ病院でコレラ患者の血液型について調べました。１９７９年にこの病院で治療を受けた患者、82人の血液型を調べてみると、Ｏ型57％、Ａ型23％、Ｂ型18％、ＡＢ型１％でした。これだけでもＯ型がコレラ菌に弱く、ＡＢ型が強そうな印象ですが、この地域の人々の血液型がどんな分布をしているかということと比較しなければなりません。

比較対照群として、この病院に下痢症状ではない病気で入院した患者、６６４人を調べます。すると血液型の分布は、Ｏ型30％、Ａ型25％、Ｂ型35％、ＡＢ型９％。

先のコレラ患者の血液型の分布と比較すると、やはりコレラ菌に対してはＯ型が弱く、ＡＢ型がとても強い、そしてＢ型もかなり強いということが統計的にもはっきりわかっています。

しかし血液型によってコレラ菌に対する強さが違うと言っても、それは感染のしやすさなのか、感染してからの重症化の問題なのかがわかりません。この件についてはコレラ患者の家族を調べることでわかってきました。家族は患者のそばにいたため、感染している可能性が高いわけですが、もし血液型によって感染のしやすさが違えば、家族の感染の可能性も血液型によって変わってくるはずです。

ところが、家族の感染についてはどの血液型であっても一定の確率（27％）で、感染しやすさに違いはありませんでした。**つまり血液型によって感染のしやすさが違うのではなく、感染してからの重症化の程度が違うというわけです。**

社交性が招いた病気

ここでO型が圧倒的に強い、ある病気を紹介しましょう。O型が強い病気はいろいろありますが、これだけは特別扱いします。

それは梅毒（ばいどく）です。梅毒は今や特効薬、ペニシリンが存在し、恐るるに足りない病気ですが、人類を長く苦しめたうえに、他ならぬ性行動と関わる病気。よって血液型と人の行動パターンや性格との関係を探るうえで最も重要な感染症と考えられるからです。

梅毒はアメリカ大陸に特有の病気であったのですが、コロンブスの一行が〝土産〟としてヨーロッパへ持ち帰り、その後はアジアへと広まりました。そのアメリカ先住民の血液型なのですが、ほとんどがO型なのです。

この件については、たとえば最後の氷河期にベーリング陸橋をわたり、アメリカ大陸へやってきた少数の人々がほとんどO型だったからではないかという説と、当初はいろいろな血液型が存在していたものの、梅毒の蔓延により、梅毒に強いO型だけが残り、他の型は滅んだのではないか、という2つの説がありました。

後者の説を唱えているのが、前掲の『人類遺伝学』の著者の1人である、F・フォーゲル（Vogel）です。彼は1920年代の梅毒患者のデータをもとにこの説を唱えています。

この時期は梅毒の特効薬、ペニシリンがまだ現れていません。その登場は1929年で、使用されるのはもう少し後です。また、血液型の発見が1901年であり、梅毒と血液型との関係を探るにはこの時期を逃すわけにはいかなかったのです。

すると、梅毒の末期症状を示す患者にはO型が比率として少ない、他の血液型はO型よりも1・7倍多いことがわかりました。O型は梅毒に罹ったとしても、進行が遅いのです。

何だ1・7倍かと思われるかもしれませんが、梅毒が猛威を振るっている地域では、わずかな世代のうちにO型以外の血液型が駆逐されるかもしれません。

日本でも同様な研究があります。久留米（くるめ）医大の王丸勇（おうまるいさむ）氏が梅毒の末期患者、220人について調べたところ、O型23%、A型42%、B型19%、AB型16%でした。日本人の血液型の分布は、O型31%、A型38%、B型22%、AB型9%です。

王丸氏の研究では統計的な解析が行われておらず、単に梅毒の末期患者にはO型が少なく、AB型が多いとしか述べていません。そこで私が統計的に検討してみました。すると、こういうことが偶然のみで起こる危険率は0・1%より少ないと出たので、やはり梅毒の末期患者にはO型が少なく、AB型が多いということが統計的にもはっきりしました。梅毒と血液型との関係においては男女で差はありません。

最後になりましたが、

「AB型」が気をつけるべき病気

・膵臓ガン　B型のところに既出。B型よりも出現率が高い

・心臓病　Ｏ型に比べ20％、リスクが高い
・認知症　Ｏ型に比べ、82％も発症のリスクが高い
・梅毒　ＡＢ型が梅毒にとても弱い件については、既に述べた通りです

さて、これら血液型と気をつけるべき病気との関係ですが、私が最も注目したいのは、梅毒です。繰り返しますが、何しろ梅毒は性病なので、梅毒に罹りにくいとか、罹っても進行が遅いのなら、この病気をあまり恐れず、広く性行動を行うことが自分の遺伝子のコピーを増やすためには最も適しています。**自分の遺伝子のコピーをいかに増やすか、というのが動物（生物全般についても言えるのですが）にとっての最大の課題なのです。**

片や梅毒に罹りやすいとか、進行が速いのであれば、性行動は必要最小限に留めるのが最も適した行動と言えるでしょう。

そんなわけで梅毒に強いＯ型では、おおらかで誰とでも友達になるような社交的な性質を持つことが、梅毒に弱いＡＢ型では、内気で、限定された人間とのみつきあうといった非社交的な性質を持つことが、それぞれ適しているのではないかと思

います。

深刻な病気に罹りやすいA型の人が、なぜ多いのか

O型は病気全般に強く、弱い病気にしても胃潰瘍など、薬で治せる病気が多く、気をつけるとしたらコレラくらいです。実際、現代ではO型が最も健康的であると言われています。そのO型の人が多いという事実は納得がいくのですが、O型とは真逆の、あらゆるガンに弱く、また実を言うと貧血も多く、元気のない印象のA型が、日本を始めとする多くの国で最も大きな勢力となっているのはなぜなのでしょう。

私は大きく2つの理由があるのではないかと思います。**1つは病弱であるために、慎重に行動するという性格が備わり、そのために生存のうえで有利であるということ**（実はO型はこの点で不利になっているかもしれません。自分の健康を過信するあまり、無鉄砲な行動に出やすく、命を落とすとか。実際、損害保険会社のデータによると、A型は運転が慎重であるのに対し、O型は事故を起こしやすいことがわかっています）。

そしてA型有利のもう1つの理由は、ガンになりやすいということ。

現在では健康で、長生きをすることが多くの人にとっての願いです。それなのにガンになりやすいのがどうしてよいことなのか、と不思議に思われるでしょう。
しかしよく考えてください。ガンとは本来、中年以降に発症する病気。子が独立し、孫もいるという状況下で発症することが多いのです。

人類は、過去の多くの時間を食うや食わずの極限状態に晒されてきました。そのような状況で、無駄飯を食うだけという人間は存在すべきではないでしょう。酷い言い方ですが、それが動物としての現実です。

そしてここが肝心なのですが、無駄飯食いである本人にとっても、自分の遺伝子のコピーは既に受け継がれているのであり、もはや存在して彼らの食い扶持を奪うよりも、いなくなった方が自分の遺伝子のコピーを残すという点で有利なのです。

そんなわけで、子が独立したなら早々にこの世を去るということこそが、他ならぬ自分自身にとって最善の道。このような過去があるために、一見健康には不利な血液型であるA型が最も大きな勢力になっているのではないでしょうか。

文庫版特別エッセイ(1)　種の保存という幻想

先日、ある保守系の団体で講演を頼まれた。「動物が人間に語り掛けるもの」と題する講演に先立ち、主催者が私についてのとてもよい紹介の仕方をしてくださった。

それはよいのだが、やはりこうなるか、と思ったのは「種の保存」という言葉が出てしまったことだ。

どうも「種の保存」や「種の繁栄」は我々の耳にとても心地よく響く言葉らしい。それは違うといくら力説しても、受け入れられない。

私の師である、日高敏隆先生は講演で一時間もかけて「種の保存」「種の繁栄」は間違いであることを説明した。

万雷の拍手の中、日高先生が控え室に戻ってくると、主催者曰く、

「先生、大変勉強になりました。それにしても何ですなあ、種の保存はやはり大切なことなんですね」。

なぜ人々は種の保存を信じてやまないのか。その件については後で述べるとし

て、種の保存も種の繁栄も間違っていることがわかってきたのは、1960年代初めのことである。

当時、京都大学霊長類研究所の大学院生だった杉山幸丸（すぎやまゆきまる）氏はインドでハヌマンラングールというサルの研究をしていた。

その社会は、一頭のオスが複数のメスとその子どもたちを従えハレムをつくるというものだ。

ハレムの周りには若いオスたちが徒党（ととう）を組み、ハレムの主の力が衰えてきてはいないか、と虎視眈々（こしたんたん）と狙っている。

あるとき、よし今襲撃したら勝てそうだとの判断が下されると、オスグループがハレムを襲う。たいていは襲った側の勝利となるが、熱心なのは襲う側のリーダー的な存在のオスだけなので、ハレム主は多勢に無勢（ぶぜい）で負けるわけではない。

そうしてハレムの主は敗走し、息子たちも父の敗走に従う。

そうすると残るのは、メスと娘、そして乳飲み子だ。

そして新しくハレムの主となったオスが手始めに行うこと。それが乳飲み子を殺すことなのだ。

ほ乳類のメスは子に乳を頻繁に与えているときには発情も排卵も起きない。しかし乳を吸う者がいなくなると、発情も排卵もたちまちのうちに再開する。

ハレムの主の行いとは、メスを発情させ、排卵も起こさせ、自分の子を産ませるためのものである。

これぞ動物は種の保存も種の繁栄も考えていないことの動かぬ証拠だ。もし種の保存を考えているのなら、せっかく生まれてきて、ある程度育った子を殺すことはないだろう。

殺すのはやはり自分の子がほしいから、自分の遺伝子のコピーを残したいからなのだ。種は結果として残るにすぎない。

杉山氏は子殺しという大発見をしたのだが、その解釈の部分でミスを犯してしまった。子を殺すのは「個体数の調節」のためだというのである。

杉山氏と同様の研究をし、正しい解釈をしたのはアメリカのサラ・フルディ（Ｈｒｄｙ）であり、種の保存、種の繁栄が間違っていることを示したのはフルディだということになってしまった。

種の保存、種の繁栄が間違っていることを理論的に示したのは、アメリカのG・C・ウィリアムズ（Ｗｉｌｌｉａｍｓ）で60年代末だ。

要は、種全体のために行動する遺伝的性質を持った個体は、自分の遺伝子のコピーを増やすことのみに専念する遺伝的性質を持った個体との競争に負けてしまう。自身の持つ、種全体のために行動するという遺伝的性質は残りにくいのだ。

種は結果として残るだけの話なのだ。

ではなぜ、本当は自分の遺伝子のコピーが増えるように振る舞っているだけで、種のことなんか考えていないというのに、種の保存、種の繁栄という言葉が、我々の耳に心地よく響き、納得できてしまうのか。

それには何らかの、とてつもないメリットがあるからとしか考えようがない。

1つの可能性として、たとえばそれは、他の部族、あるいはもっと大きな組織との戦争に有利に働くから、勝ちやすくなるからではないだろうか。

個々のメンバーに、自分は集団のために戦うのだ、自分の利益のために戦うのではないという心理があるとすると、結束が固くなり、戦いに勝利しやすくなるのである。

そしてここが重要な点なのだが、その勝利は個々のメンバーの利益となって帰ってくる。すなわち、自分の遺伝子のコピーを残しやすくなるのである。

何とも皮肉な結論だが、種の保存、種の繁栄という言葉にうっとりとする人々を見ていると、そうとしか思えなくなってくるのである。

文庫版特別エッセイ(2)　新型コロナ禍で考えたこと

新型コロナウイルスについて、多くの人々がまだ何も知らなかった、2020年の正月のことである。

私は未だかつてひいたことのない、変な風邪をひいた。これまでの人生で、風邪などいったい何回ひいたのか、見当もつかない。しかしこんな変な風邪は初めてだった。

平熱が時に36度を切るほどの低体温の私が37度台の発熱にみまわれた。鼻水やくしゃみはなく、喉の痛みもほとんどない。ただ発熱して体がだるいのだ。

そんなことが数日続いた後に、左わき腹のかなり広い範囲に発疹が現れた。よく見ると、右わき腹にも少しと、両足の甲にも出ている。

ネットで調べると、ウイルス感染後に発疹が現れることがあるという。念のため皮膚科を受診すると、医師は右わき腹にも出ていることを確認し（片側だけだと帯状疱疹の可能性もあるからだろう）、

「最近ウイルスに感染しませんでしたか？」

と聞いてきた。

「はい、風邪をひきました」

「ウイルス感染後の発疹ですね。放っておいても治るけれど、炎症を抑えるお薬を出しますか？」

ということで塗り薬を処方してもらい、帰ってきた。

発疹が消えるまでにどのくらいの時間がかかったかは覚えていないが、とにかく疲労感がひどかった。1月いっぱいは寝ても寝ても、まだ寝たいと思うほど疲れていた。

2月に入り、多少元気を取り戻したところで、ツイッターで「1月に変な風邪をひいた」とつぶやいてみたところ、びっくりするほどの数の返信があった。皆、口を揃えて「変な風邪」だというのである。その中で一番早く「変な風邪をひいた」と返信した人は「ラグビーワールドカップで日本中が熱狂していた頃」というものだった。

この大会は2019年の9月20日から11月2日まで行われたので、おそらく10月頃なのだろう。このタイミングが持つ意味は後になってわかった。

多くの「変な風邪ひいた」という返信を私がもらったのは、人々が新型コロナウイルスの流行について知り、いずれ日本へも波及するだろうと考えていた時期だ。

豪華客船、ダイヤモンド・プリンセス号が横浜港に停泊し、航行中に多くの感染者を出していたことが国民に衝撃を与え、なぜ中国からの渡航を全面的に禁止しないのか、と国民が政府にいらだちを感じていた時期でもある。

私はこのとき、まったく直感的にこう思った。

私も含め、多くの人がひいた変な風邪と新型コロナとは何か関係があるのではないか。変な風邪をひいていたら、新型コロナウイルスには感染しないのではないか。

この直感は２０２０年７月末に発売された、月刊「ＷｉＬＬ」９月号の「新型コロナ　第二波はこない」と題した、京都大学大学院特定教授の上久保靖彦先生と文藝評論家の小川榮太郎さんの対談によって正しいことがわかった（以下は同誌の10月号も含めた、上久保、小川対談をもとにまとめている）。

★★★

日本や台湾、東南アジアなどには２０１９年の秋ごろから、S型とK型という新型コロナウイルスが中国から流入してきていた。

S型は先祖型で症状はほとんど出ない。K型はS型の変異型で、ちょっと変わった風邪程度の症状が出る。そしてK型に感染していると、12月頃に武漢で生じ、甚大な被害を及ぼすことになるG型に対する免疫ができるのだという。

つまり日本人の多くはK型に感染することで（そのとき変な風邪をひいたと感じたはず）、集団免疫ができて、あまりひどいことにはならなかったと言うのである。

ではなぜ欧米でひどいことになったかと言うと、K型による洗礼なしに、いきなりG型、そして欧米で変異し、重症化もさせる、欧米G型にさらされたからだと言う。

2月に欧米諸国が中国からの渡航を全面禁止したことも、K型があらかじめ入るという道を閉ざしたことになるらしい。

上久保氏らは、日本政府が中国からの渡航制限をだらだらと引き延ばしたこともK型を流入させるという意味で実は幸運だったと述べている（とはいえそのとき同時にG型も入ってくるわけで、そのあたりの事情については不明だ）。

★★★

新型コロナウイルスが昨年秋に既にどこからか〝漏れ出て〟いたことは、2019年9月18日に武漢の国際空港で「コロナウイルスの感染が一例検出された」という想定で緊急訓練が行われたことからも伺える。

アメリカのジョンズ・ホプキンス大学の研究者は、架空のコロナウイルス〝CAPS〟がパンデミック（世界的流行）規模になった場合のシミュレーションを行い、その調査報告を10月に出している。

これも架空のコロナウイルスとしていることから、中国だけでなく、アメリカも情報をつかんでいたことがわかる。

世界中で猛威をふるったこのウイルスだが、ウイルスなど、自身で増殖できず、宿主の体を借りて増殖する寄生者の原則として、やがて弱毒化の道を歩み始めるはずだ。事実、イタリアの医師たちはそう報告しているし、世界的に見ても致死率が低下してきている。

ウイルスは何も我々を殺すことが目的ではない。単に体を貸してほしいだけである。当初は宿主を殺してしまうほどに強毒であっても、宿主あってのウイルスなので、そういうふうに自分で自分の首を締めるような強毒なものは滅び、代わりにもっと弱毒のものが台頭する。

そうこうするうちにもっと弱毒のものが現れて勢力を広げる。

普通の鼻風邪とか喉風邪も、同様な経緯を辿っており、今日のように宿主をほんの数日間だけ体調不良にさせる程度のマイルドさを身につけたのである。

この弱毒化の流れによって、人々が元の生活を取り戻し、経済活動も回復する。そして次回の東京オリンピック、パラリンピックが無事に開催されることを願ってやまない。

あとがき

さて、これが最後の小部屋です。ようこそ、ここまでお越しくださいました。

人間にまつわる、そんなの当たり前、理由なんてないと思っていた話、真剣に考えたことがなかった話、わかっているつもりだったけれど、よくよく考えてみるとわからない話……。

これらの件についての考えに、少しでも広がりができたと感じられたら、大変嬉しく思います。

ただ、ここに示したのはあくまで1つの考え方です。これが正しいとも、これでおしまいというわけでもありません。科学上の〝真実〟とは常に修正され、ときには完全に覆されもして、上書きされていくものだからです。

私がこの本で目指したのは、現時点でわかっていることや、実際に研究され、得られたデータなどを踏まえ、ここまでなら言ってよいと判断した、最大限の考察です。

しかしこれらもまた数年後、数十年後にはもっと優れた考えに取って代わられるでしょう。その考えを私自身が示すことができたら、なおよいのですが。

この本の企画は、ワニブックス書籍編集部の安田遥さんという若い女性編集者の発案によるものです。若い発想により、思いもよらない疑問、私の知らない存在（サークルクラッシャーとかオタサーの姫）など、様々なアイディアを出していただき、大変な励みとなりました。

彼女はまた、私の恩師である日高敏隆先生とも縁があります。滋賀県で社団法人の理事長をしていたお父様が、当時滋賀県立大学の学長だった日高先生に講演を依頼したことがあるとのこと。日高先生の偉大さを改めて感じた次第です。

本書の制作に関わったすべての方々に感謝申しあげます。

2018年4月　ゴールデンウィーク直前の夏のような暑さの日に

竹内久美子

文庫版あとがき

ワニブックスより２０１８年に刊行された『ウソばっかり！　人間と遺伝子の本当の話』が、この度、ＰＨＰ文庫として文庫化されることとなった。

私にとって思いがけない出来事で、こうして入手しやすくなった本書がより多くの人々に行き渡ることを嬉しく思っている。

文庫化にあたり、前著では触れなかった詳しい内容、たとえば実験のサンプル数や研究者とその所属研究機関や国名などを加筆した。

そして昨今の新型コロナ禍において自分が経験し、予想したことと、京都大学大学院特定教授の上久保靖彦先生らの見解との一致についてのエッセイも加えた。

既に単行本を読んだ方であっても一読の価値があるよう工夫しているつもりだ。

本書は、ＰＨＰ研究所、ＰＨＰ文庫出版部の山口毅氏と葛西由香氏、前原真由美氏のお力添えにより文庫化の運びとなりました。お世話になったすべての方々に、この場を借りて感謝申しあげます。

２０２０年12月

竹内久美子

参考文献

ここに示した参考文献は、書籍以外はすべてインターネットで閲覧可能です。
論文の著者名、タイトルなどをキーワードにして、検索してみてください。

第 1 の部屋　恋愛

◆ Anders Pape Møller. Female choice selects for male sexual tail ornaments in the monogamous swallow. *Nature* 332, 640-642（1988）

◆ R.Robin Baker, Mark A.Bellis. Human Sperm Competition. *Chapman and Hall*, 1995.

◆ Patrick Bateson. Preferences for cousins in Japanese quail. *Nature* 295, 236–237（1982）.

◆ B. Laeng, O. Vermeer, U. Sulutvedt. Is Beauty in the Face of the Beholder? *PLoS ONE*. 2013;8（7）:e68395.

◆ Susan M. Hughes, Marissa A. Harrison, Gordon G. Gallup Jr. The sound of symmetry Voice as a marker of developmental instability. *Evolution and Human Behavior*. 2002;23（3）:173–180.

◆竹内久美子『シンメトリーな男』（文藝春秋）

◆ Gergen, K.J., Gergen, M.M., and Barton, W.H.: Deviance in the dark, *Psychology Today*, pp.129-130(1973).

◆中野信子『サイコパス』（文藝春秋）

第 2 の部屋　家族

◆ R.Robin Baker, Mark A.Bellis.（前掲書）

◆ Jennifer S. Mascaro, Patrick D. Hackett, James K. Rilling. Testicular volume is inversely correlated with nurturing-related brain activity in human fathers. *PNAS U S A*. 2013;110（39）:15746-15751.

◆ Judith H. Langlois, Jean M. Ritter, Rita J. Casey, and Douglas B. Sawin. Infant Attractiveness Predicts Maternal Behaviors and Attitudes. *Developmental Psychology*. 1995;31（3）:464-472.

◆竹内久美子『本当は怖い動物の子育て』（新潮社）

◆ Molly Fox, Rebecca Sear, Jan Beise, Gillian Ragsdale, Eckart Voland, Leslie A. Knapp. Grandma plays favourites: X-chromosome relatedness and sex-specific childhood mortality. *Proc Biol Sci*. 2009;277（1681）:567-573.

◆ Thomas V. Pollet, Daniel Nettle, Mark Nelissen. Maternal Grandmothers do go the Extra Mile: Factoring Distance and Lineage into Differential Contact with Grandchildren. *Evolutionary Psychology*. 2007;5（4）:832-843.

◆ Claus Wedekind, Thomas Seebeck, Florence Bettens and Alexander J. Paepke. MHC-Dependent Mate Preferences in Humans. *Biological Sciences*. 1995;260（1359）:245-249.

◆ Suma Jacob, Martha K. McClintock, Bethanne Zelano & Carole Ober. Paternally inherited HLA alleles are associated with women's choiceof male odor. *Nature Genetics* 2002；30（2）:175-179.

第 3 の 部 屋　印 象

◆ Russell A. Hill, Robert A. Barton. Red enhances human performance in contests. *Nature*. 2005;435:293.

◆ Norbert Hagemann, Dennis Dreiskaemper, Bernd Strauss, Dirk Büsch. Influence of red jersey color on physical parameters in combat sports. *Journal of Sport and Exercise Psychology*, 2013, 35（1）, 44-49.

◆ Andrew J. Elliot, Jessica L. Tracy, Adam D. Pazda, Alec T. Beall. Red enhances women's attractiveness to men: First evidence suggesting universality. *Journal of Experimental Social Psychology*. 2013;49:165-168.

◆ Alec T. Beall, Jessica L. Tracy. Women Are More Likely to Wear Red or Pink at Peak Fertility. *Psychological Science*. 2013;24（9）:1837–1841.

◆ Mark G. Frank and Thomas Gilovich. The Dark Side of Self- and Social Perception: Black Uniforms and Aggression in Professional Sports. *Journal of Personality and Social Psychology*. 1988;54（1）:74-85.

◆ Judith H. Langlois, Jean M. Ritter, Lori A. Roggman, and Lesley S. Vaughn. Facial Diversity and Infant Preferences for Attractive Faces. *Developmental Psychology*. 1991;27（1）:79-84.

◆ Judith H. Langlois, Lori A. Roggman, and Loretta A. Rieser-Danner. Infants' Differential Social Responses to Attractive and Unattractive Faces. *Developmental Psychology*. 1990;26（1）:153-159.

◆ Judith H. Langlois, Lori A. Roggman, Rita J. Casey, Jean M. Ritter, Loretta A. Rieser-Danner, and Vivian Y. Jenkins. Infant Preferences for Attractive Faces: Rudiments of a Stereotype? *Developmental Psychology*. 1987;23（3）:363-369.

◆ Brian P. Meier, Sara K. Moeller, Miles Riemer-Peltz, Michael D. Robinson. Sweet Taste Preferences and Experiences Predict Prosocial Inferences, Personalities, and Behaviors. *Journal of Personality and Social Psychology*. 2012;102（1）:163–174.

◆ John A. Bargh, Lawrence E. Williams. Experiencing Physical Warmth Promotes Interpersonal Warmth. *Science*. 2008;322（5901）:606–607.

◆ Kendall J. Eskine, Natalie A. Kacinik and Jesse J. Prinz. A Bad Taste in the Mouth : Gustatory Disgust Influences Moral Judgment. *Psychological Science*. 2011;22（3）:295-299.

第４の部屋　体

◆ Miho Nagasawa, Shouhei Mitsui, Shiori En, Nobuyo Ohtani, Mitsuaki Ohta, Yasuo Sakuma, Tatsushi Onaka, Kazutaka Mogi, Takefumi Kikusui. Oxytocin-gaze positive loop and the coevolution of human-dog bonds. *Science*. 2015;348(6232):333-336.

◆ W H Frey 2nd, D DeSota-Johnson, C Hoffman, J T McCall. Effect of Stimulus on the Chemical Composition of Human Tears. *Am J Ophthalmol*. 1981;92(4):559-567.

◆ Todd.K.Shackelford, Randy.J.Larsen. Facial attractiveness and physical health. *Evolution and Human Behavior*. 1999;20(1):71-76.

◆ Joshua J. A. Henderson, Jeremy M. Anglin. Facial attractiveness predicts longevity. *Evolution and Human Behavior*. 2003;24(5):351-356.

◆竹内久美子『女は男の指を見る』（新潮社）

◆小田 亮『サルのことば　比較行動学からみた言語の進化』（京都大学学術出版会）

◆ティム・バークヘッド著. 小田 亮／松本晶子訳『乱交の生物学』（新思索社）

◆ William D.Lassek, Steven J.C.Gaulin. Waist-hip ratio and cognitive ability: is gluteofemoral fat a privileged store of neurodevelopmental resources? *Evolution and Human Behavior*. 2008;29(1):26-34.

◆ Grażyna Jasieńska, Anna Ziomkiewicz, Peter T. Ellison, Susan F. Lipson and Inger Thune. Large breasts and narrow waists indicate high reproductive potential in women. *Proc. R. Soc. Lond. B*. 2004;271(1545):1213-1217.

◆ Andrew J. Elliot, Henk Aarts. Perception of the Color Red Enhances the Force and Velocity of Motor Output. *Emotion*. 2011;11（2）:445-449.

◆原田勝二. "お酒に強い、弱いは、生まれた時から決まっています" COMZINE BACK NUMBER. 2008.2月号

◆" 〝酒豪〟どこに多い？「全国酒豪マップ」の謎" 日本経済新聞 電子版. 2010-07-02.

◆ Bronwyn Tarr, Jacques Launay, Emma Cohen, and Robin Dunbar. Synchrony and exertion during dance independently raise pain threshold and encourage social bonding. *The Royal Society*. 2015. Biol. Lett. 11:20150767.

◆ David A. Kim, Emelia J. Benjamin, James H. Fowler and Nicholas A. Christakis. Social connectedness is associated with fibrinogen level in a human social network. *Proc. R. Soc. Lond. B*. 2016;283(1837):20160958

◆ Stephanie Brinkhues, Nicole H. T. M. Dukers-Muijrers, Christian J. P. A. Hoebe, Carla J. H. van der Kallen, Pieter C. Dagnelie, Annemarie Koster, Ronald M. A. Henry, Simone J. S. Sep, Nicolaas C. Schaper, Coen D. A. Stehouwer, Hans Bosma, Paul H. M. Savelkoul, and Miranda T. Schram. Socially isolated individuals are more prone to have newly diagnosed and prevalent type 2 diabetes mellitus - the Maastricht study – . *BMC Public Health*. 2017;17(1):955

◆F.フォーゲル, A. G.モトルスキー著. 安田徳一 訳『人類遺伝学　第二版』(朝倉書店)

◆Kristine S. Alexander, Neil A. Zakai, Sarah Gillett, Leslie A. McClure, Virginia Wadley, Fred Unverzagt, Mary Cushman. ABO blood type, factor VIII, and incident cognitive impairment in the REGARDS cohort. *Neurology*. 2014;83（14）:1271-1276.

◆Meian He, Brian Wolpin, Kathy Rexrode, JoAnn E. Manson, Eric Rimm, Frank B. Hu, Lu Qi. ABO Blood Group and Risk of Coronary Heart Disease in Two Prospective Cohort Studies. *Arterioscler Thromb Vasc Biol*. 2012;32（9）:2314-2320.

◆Gustaf Edgren, Henrik Hjalgrim, Klaus Rostgaard, Rut Norda, Agneta Wikman, Mads Melbye, and Olof Nyrén. Risk of Gastric Cancer and Peptic Ulcers in Relation to ABO Blood Type: A Cohort Study. *Am J Epidemiol*. 2010;172（11）:1280–1285.

◆Brian M. Wolpin, Andrew T. Chan, Patricia Hartge, Stephen J. Chanock, Peter Kraft, David J. Hunter, Edward L. Giovannucci, Charles S. Fuchs. ABO Blood Group and the Risk of Pancreatic Cancer. *J Natl Cancer Inst*. 2009;101（6）:424–431.

◆Guy Fagherazzi, Gaëlle Gusto, Françoise Clavel-Chapelon, Beverley Balkau, Fabrice Bonnet. ABO and Rhesus blood groups and risk of type 2 diabetes: evidence from the large E3N cohort study. *Diabetologia*. 2015;58（3）:519–522.

◆竹内久美子『小さな悪魔の背中の窪み　―血液型・病気・恋愛の真実』(新潮社)

◆大池彌三郎. 菊池陽三. 櫛引晴雄. 工藤迪彦. 小堀崧. 新谷興平. 結核とABO式血液型. 日本内科學會雜誌. 1954年. 第42巻. 第11号. p. 835-838.

◆全日本血液型研究会『本当は怖い血液型』(イースト・プレス)

著者紹介
竹内久美子（たけうち　くみこ）
1956年、愛知県生まれ。エッセイスト、動物行動学研究家。京都大学理学部を卒業し、同大学院で日高敏隆教授に動物行動学を学ぶ。博士課程を経て著述業に。『そんなバカな!』（文藝春秋）で第8回講談社出版文化賞科学出版賞受賞。
主な著書に『女は男の指を見る』（新潮新書）、『パラサイト日本人論－ウイルスがつくった日本のこころ』（文藝春秋）、『悪のいきもの図鑑』（平凡社）、『動物が教えてくれるLOVE戦略』（ビジネス社）など多数ある。メールマガジン『動物にタブーはない! 動物行動学から語る男と女』を配信中。

Twitter:@takeuchikumiffy
メルマガ：https://foomii.com/00193

本文イラスト：加納徳博
扉イラスト：ヤギワタル

本書は、2018年7月にワニブックスより発刊された『ウソばっかり！人間と遺伝子の本当の話』を改題し、加筆・修正したものである。

PHP文庫　世の中、ウソばっかり！
理性はわがままな遺伝子に勝てない!?

2021年2月16日　第1版第1刷

著　者　竹内久美子
発行者　後藤淳一
発行所　株式会社ＰＨＰ研究所
東京本部　〒135-8137　江東区豊洲5-6-52
PHP文庫出版部　☎03-3520-9617(編集)
普及部　☎03-3520-9630(販売)
京都本部　〒601-8411　京都市南区西九条北ノ内町11
PHP INTERFACE　https://www.php.co.jp/
組　版　有限会社エヴリ・シンク
印刷所　株式会社光邦
製本所　東京美術紙工協業組合

©Kumiko Takeuchi 2021 Printed in Japan
ISBN978-4-569-90093-3
※本書の無断複製(コピー・スキャン・デジタル化等)は著作権法で認められた場合を除き、禁じられています。また、本書を代行業者等に依頼してスキャンやデジタル化することは、いかなる場合でも認められておりません。
※落丁・乱丁本の場合は弊社制作管理部(☎03-3520-9626)へご連絡下さい。送料弊社負担にてお取り替えいたします。

PHP文庫

面白くて眠れなくなる生物学

長谷川英祐　著

生命は驚くほどに合理的⁉――「人間の脳にそっくりなアリの社会」「メス・オスに性が分かれた秘密」など、驚きのエピソードが満載！